LES GRANDS VENEURS

DE L'ÉPOQUE

SOUVENIRS DE CHASSE

LE DRESSAGE PRATIQUE

ET PERFECTIONNÉ

DU CHIEN D'ARRÊT ANGLAIS

PAR P. BARREYRE

En vente chez FIRMIN-DIDOT, 56, rue Jacob, et chez
l'auteur, à Châteaumeillant (Cher).

PRIX : 4 Fr., PAR LA POSTE : 4 Fr. 25

LES

GRANDS VENEURS

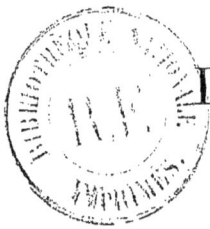

DE

L'ÉPOQUE

SOUVENIRS DE CHASSE

PAR

P. BARREYRE

SAINT-AMAND

IMPRIMERIE ET STÉRÉOTYPIE DE DESTENAY

70, RUE LAFAYETTE, 70

1882

AVANT-PROPOS

AVANT-PROPOS

—

AUX VENEURS DE FRANCE

Inspiré par un sentiment d'amitié et de dévouement pour les fils de bons et braves camarades en Saint-Hubert, j'ai cru devoir faire le récit des chasses les plus instructives et les plus intéressantes auxquelles j'ai assisté depuis ma jeunesse, avec l'espoir que mes jeunes amis trouveront dans la lecture de cet ouvrage des renseignements utiles, sur les conditions dans lesquelles la chasse à courre doit se faire, le moyen certain de forcer et prendre les fauves, les bêtes noires, les louveteaux et les louvarts et de détruire les grands loups lorsqu'on ne tient pas à les chasser.

Les chiens qui conviennent le mieux pour courre le cerf, le sanglier, le lièvre. Tous mes enseignements sont appuyés sur des faits précis et incontestables.

Toutes les anecdotes que je raconte sont historiques. Le plus grand nombre des chasseurs et des veneurs qui en ont été témoins existent, grâce à Dieu, et pourraient au besoin en certifier l'authenticité.

Je décris la vie du chasseur, les circonstances et épreuves qu'il rencontre dans le cours de ses exercices cynégétiques. Je lui indique les moyens de combattre et surmonter les difficultés qui peuvent se rencontrer sur son passage.

Je recommande tout particulièrement la lecture du chapitre des arrêts et jurisprudence, attendu que le veneur se trouve souvent et par la force des choses dans des positions difficiles, et qu'il s'agit de faire concorder le feu de la passion et de l'entraînement avec le respect dû à la propriété, aussi faut-il étudier les questions dans lesquelles le veneur peut se trouver et s'armer d'une résolution héroïque, celle de se maîtriser

pour ne pas s'exposer à des ennuis et désagréments très-grands.

Je termine, en exprimant mes regrets de
ne pouvoir dire un mot agréable à l'adresse
des dames chasseresses, mais, sauvage par
nature, comme un véritable solitaire, je ne
saurais traiter avec l'esprit qui convient ce
charmant sujet, qui, tant de fois, a incendié
mon cœur et mon âme !.... Aussi demanderai-
je trêve pour les rêves insensés que la vue de
Flore et de Diane a toujours produit sur mon
ardente imagination et qui serait capable, encore, de m'empêcher, sur mes vieux jours,
dans ma retraite, de faire paisiblement mon
salut !....

Aussi reviens-je à mes chers toutous !...

O Vloo, ô Vloo ! Bou-Amaga ! A la voie !
A la voie ! . . . .

Écoute à Moustapha ! . . . .

. . . .

GRANDS VENEURS DE L'ÉPOQUE

SOUVENIRS DE CHASSE

I

LE SANGLIER

Le sanglier porte livrée jusqu'à six mois, il s'appelle alors marcassin.

De six mois à un an, il prend le nom de bête rousse.

De un à deux ans, de bête de compagnie.

De deux à trois ans, de ragot.

De trois à quatre ans, de sanglier à son tiers an.

A quatre ans, il se nomme quartenier.

Passé cet âge, il est grand, vieux sanglier, sanglier miré, solitaire.

D'après Buffon, il peut vivre jusqu'à vingt-cinq ans. Sa femelle s'appelle laie, ses pieds se nomment traces.

Le rut des sangliers a lieu en décembre, et dure un

1

mois à six semaines, suivant l'âge et le tempérament des laies. Elles portent quatre mois, elles font de quatre à quinze petits.

Le sanglier, en marchant, met le pied de derrière dans celui de devant et en dehors. Il marche en pince. Le cochon marche sur le talon. Le premier marche les pouces serrés, le second les ouvre en marchant.

Il est bas jointé à son tiers an ; plus l'animal est bas jointé, plus il a d'années.

Les pinces de la trace de devant d'un quartenier sont rondes et grosses, le talon est large, les gardes grosses, ouvertes et abaissées. Plus ses allures sont espacées, plus l'animal est grand.

La peau du sanglier se nomme paroi.

L'extrémité du museau armé de défenses et de grés se nomme boutoir.

La peau qui recouvre ses épaules, armure, cuirasse.

La laie a les gardes hautes et proches l'une de l'autre. Elles sont minces et peu écartées. En marchant elle écarte — c'est-à-dire qu'elle ouvre les pinces. —

On nomme pigache un sanglier qui a un ongle plus long l'un que l'autre.

Le sanglier se nourrit de gland, de racines, de faisse, de cresson, etc.

Chasse du sanglier.

La chasse du sanglier est la plus belle de toutes les chasses, parce qu'elle est la plus allante et la plus entraînante. C'est elle qui passionne le plus le chasseur. Les abois d'un grand sanglier sont toujours très-émouvants et attrayants. Ceux du cerf sont tristes.

Les difficultés de la chasse du sanglier sont : 1° de l'attaquer, car grand nombre de chiens le redoutent,

2° De relever le change,

3° De bien donner le relais et à bon vent, quand on a beaucoup de chiens, et de bien les ameuter.

Les ruses des vieux sangliers sont ordinairement :

1° De se harder et faire partir ou laisser partir les bêtes de compagnie et rester à la bauge en chargeant les chiens d'attaque,

2° De rebattre ses voies lorsqu'il est débaugé et revenir à la bauge :

3° De se mêler aux compagnies et bourrer les chiens pour leur faire prendre une autre voie.

4° D'attendre les chiens de tête dans le laissé-courre, les blesser ou les tuer et se sauver ensuite.

5° De revenir sur ses voies dans les fossés de bois épais à la rencontre des chiens et en faire un massacre.

6° De battre l'eau et faire fort aux chiens.

Il y a des sangliers peureux comme des lièvres, qui partent au moindre bruit. D'autres, au contraire, braves et courageux, qui attendent l'ennemi, et se défendent vaillamment, renvoient les chiens qui les attaquent lorsqu'ils ne sont pas en force ou en nombre ; dans ce cas on dit : c'est un sanglier maître — c'est-à-dire maître de la position. —

On chasse le sanglier à courre et à tir.

Plus il y a de chiens dans un équipage, moins ils sont exposés à être tués.

Les sangliers qui n'ont pas l'habitude d'être chassés sont ordinairement faciles à forcer.

Une des règles de la chasse à courre est de toujours pousser l'animal en avant, dans la direction qu'il a choisie lui-même, afin d'accélérer la vitesse de sa course, et lui faire perdre haleine plus vite ; mais ce principe qui offre cet avantage a un inconvénient, celui d'entraîner parfois la chasse fort loin, et souvent dans des bois ou localités où il est très-difficile de suivre ; il n'est donc pas absolu, surtout pour le sanglier qui cherche toujours les fourrés les plus impénétrables pour se faire rebattre, et dégoûter les chiens de le poursuivre.

Le beau côté de la chasse du sanglier, c'est lorsqu'il commence à se fatiguer de courir et qu'il se fait rebattre dans les fourrés aux nez des chiens. Le *carrillon* commence alors et dure des heures entières, à la grande satisfaction des chasseurs ! Puis, suivant les circonstances, il prend un parti, fuit à toutes jambes, s'il a assez de force, ou fait tête aux chiens, si elles lui font défaut.

Dans le premier cas, les fox-hounds rendent les plus grands services au laissé-courre ! leur hardiesse et leur courage sont réellement admirables ! Lestes et vigoureux ils attaquent l'animal avec un acharnement féroce et par leur cris ré-

pétés et perçants, ils excitent et entraînent les autres chiens.
C'est là une de leur qualité remarquable. Il est donc nécessaire d'en avoir un certain nombre dans un équipage de bâtards,
mais pas trop cependant, parce qu'ils surmèneraient ces derniers et les useraient en peu de temps, ce qui serait regrettable, car les bâtards sont généralement d'excellents chiens,
pour courre la bête noire.

Ils sont généralement très-ardents, percent mieux au bois
que les fox-hounds, ont plus de nez, crient davantage et
réunissent à peu près toutes les qualités désirables pour
chasser et forcer le sanglier. On force tout aussi bien avec
des bâtards, qu'avec des fox-hounds, avec cette différence
toutefois qu'il faut un peu plus de temps, que j'apprécie à
un tiers au plus. Mais que d'écueils avant d'arriver à ce
résultat, que de difficultés à vaincre ? que de courage et
de patience à déployer.

Je vais essayer de les énumérer ?

1° Mettre les chiens sous le fouet, c'est-à-dire les accoutumer à l'obéissance en les tenant en crainte, afin de pouvoir les dominer, les arrêter facilement dans le courre de la
chasse suivant les circonstances.

2° Les accoutumer à rallier à la trompe,

3° Ne faire chasser aux chiens, surtout aux jeunes, que
des sangliers *seuls* que le veneur fera tuer, s'il n'a pas la
chance de les forcer afin d'exciter chez eux l'amour de la
chasse de la bête noire, et leur faire le fouail ou curée
chaude chaque fois,

4° Surveiller continuellement le change, arrêter et corriger vigoureusement les fauteurs,

5° Prendre les plus grandes précautions pour donner le

relais, car une des plus grandes contrariétés que puisse éprouver le veneur est de voir ses chiens prendre une fausse direction ou le contre-pied.

C'est un des écueils de la chasse à courre, qui se produit souvent. Je recommande de placer le relais, à *bon vent*, autant que possible et de lâcher une minute ou demi-minute à l'avance le chien qui rallie le mieux, et lâcher les autres, aussitôt qu'on s'aperçoit qu'il a pris la bonne direction. Dans le cas contraire, il faudrait faire monter un homme à cheval, et sonner de la trompe, pour attirer les autres à lui, et les entraîner au galop du côté de la chasse. La réussite dépend le plus souvent du relais bien ou mal donné. Le maître d'équipage devra donc mettre un homme très-expérimenté pour apprécier l'opportunité de lâcher les chiens.

Ce n'est guère que la seconde année que le veneur peut espérer forcer régulièrement.

Pour pouvoir chasser avec chance de succès, avec des chiens anglais, le grand sanglier exclusivement, il en faut au moins soixante à soixante-dix, et une remonte de vingt chiens annuellement, plus quatre hommes *parfaitement montés*.

On devra compter annuellement pour les frais et entretien de l'équipage, achat de chevaux, remonte de chiens, frais de déplacement, cas imprévus, au moins mille francs, par couple de chiens. Mais, bien peu de chasseurs peuvent avoir un vautroit dans des conditions telles que je viens de l'expliquer, et cela pour plusieurs raisons : La première, parce qu'il est peu de contrées en France dans lesquelles on puisse trouver assez de grands sangliers à chasser pour entretenir un équipage en haleine.

La seconde est qu'il y a bien peu de fortunes suffisantes pour faire d'aussi grandes dépenses, et que les personnes, qui sont en position de les faire, n'ont ni le goût, ni le courage d'une telle entreprise. Aussi, le nombre des grands équipages en France, diminue-t-il chaque jour, bientôt, il n'en existera plus ? Et ces choses guerrières, si émouvantes qui, autrefois, formaient les hommes et les cavaliers, seront remplacées par des battues et des traques qui découragent le veneur et forment les braconniers et les colleteurs. Telle est la perspective.

La chasse du cerf demande beaucoup plus d'apparat encore pour courre convenablement ce noble animal, dénommé à juste titre le Roi des forêts ! Mais on peut le chasser avec un équipage moins nombreux que pour le sanglier, car ce n'est plus la force et la quantité de chiens qui sont nécessaires pour faire la guerre à cet animal, mais la *qualité*, pour déjouer ses ruses, et le relancer au milieu des hardes auxquelles il a l'habitude de se mêler, lorsqu'il est chassé : j'expliquerai à un chapitre spécial, la manière de former un équipage de cerf et de le courre avec chance de succès ! en attendant, je vais faire le récit succinct des chasses d'autrefois.

11

LES CHASSES D'AUTREFOIS

Jusqu'en 1854, les chasseurs du Bourbonnais ont chassé la bête noire avec des chiens français qu'ils tiraient généralement de Vendée.

La race de ces chiens était excellente, robuste, bien gorgée, fine de nez, d'un bon pied, tenant bien la voie et très-courageuse.

La plus belle était celle à poil ras, robe blanche et jaune ou blanche et noire.

On chassait à tir à cette époque, les chasseurs portaient la botte et le fusil. On ne parlait pas de forcer les sangliers, on les chassait cependant plusieurs jours de suite, lorsque le temps le permettait et on les prenait quelquefois de lassitude, mais le fait était rare.

Celui qui était assez heureux pour en tirer plusieurs dans une année était considéré comme un habile tireur et comme un veneur émérite.

On parvenait avec le temps et la persévérance à mettre les chiens dans la voie du sanglier, mais il fallait faire souvent des réformes, car il est difficile de corriger les chiens bavards, défaut commun dans la race française.

Les valets de limier prenaient bien moins de peine alors pour faire le bois, bien certains à l'avance que les chiens feraient le travail et iraient trouver l'animal à la bauge.

On partait à la pointe du jour, on découplait sur le premier pied du sanglier qu'on rencontrait, les chiens rapprochaient avec un entrain admirable, dans le nombre des voix de tonnerre, d'autres aiguës et perçantes faisaient une musique des plus gaies qui charmait les disciples de saint Hubert.

Les maîtres d'équipage et les vrais chasseurs suivaient les chiens qui rapprochaient souvent une partie de la journée. Ceux qui craignaient la fatigue et préféraient tirer, se postaient sur le passage ordinaire des animaux et passaient souvent des journées entières à attendre la bête qui venait ou ne venait pas !...

Les animaux effrayés par les voix sonores des chiens partaient le plus souvent d'effroi et prenaient ordinairement beaucoup d'avance.

Lorsque le temps était beau, on brisait à la nuit sur le pied de l'animal pour pouvoir le rattraper le jour suivant.

On couchait n'importe où et on se contentait de tout.

Les rapprochés du lendemain formaient les chiens, les mettaient dans la voie de la bête noire. C'était une des meilleures leçons à leur donner. Il était rare dans ces cas-là qu'un sanglier lancé échappât aux balles des chasseurs. On en tuait souvent qui avaient entre cuir et chair plusieurs livres de plomb, en balles, lingots ou chevrotines, car les armes d'alors, à petit calibre, étaient loin de valoir celles d'aujourd'hui.

La chasse était un des plus grands plaisirs de cette époque, la table également et aussi, il faut le dire, le jeu !.... déplorable passion qui a causé la perte de familles les plus honorables et les plus fortunées. J'ai été le triste témoin de faits désolants sous ce rapport !

J'ai vu des joueurs passionnés et obstinés jouer leurs domaines et châteaux habités par leur famille !.... c'était le triste côté de ce temps-là, différemment la vie avait ses charmes et le sentiment de l'amitié et du dévouement était bien mieux compris qu'aujourd'hui.

On montait à la chasse des chevaux doubles poneys du Nivernais ou de brande qui étaient excellents. Ils franchissaient tous les obstacles franchissables. L'allure préférée était le trot. Les meutes de 20 et 30 chiens étaient nombreuses en Bourbonnais, pays des grandes fortunes. L'ennuyeux et le beau côté en même temps était l'attaque.

Les chiens rapprochaient souvent des journées entières sans pouvoir lancer. Dans les grandes forêts desquelles les animaux ne sortaient pas, le désappointement était moins grand, mais dans les localités parsemées de bois et de boqueteaux ces rapprochés entraînaient souvent les chasseurs fort loin de leur domicile et les faisaient rentrer à des heures très-avancées dans la nuit, presque toujours par des chemins affreux, mais pas un ne se plaignait, car chacun tenait à montrer sa force et son courage.

Par cette manière de faire, les chiens finissaient par

apprendre à reconnaître les vieilles voies, comme les écoliers, à force de lire toute espèce d'écritures, à déchiffrer les plus illisibles. J'en ai vu rapprocher des voies de 24 heures et plus, traverser des étangs gelés, la glace se briser sous eux, la mordre de rage de ne pouvoir avancer assez vite et, à force de lutter et combattre, finir par atteindre le bord et lancer ensuite le sanglier.

Mais ces qualités si appréciées alors avaient parfois leur inconvénient, celui de rapprocher un sanglier un jour entier et souvent deux et arriver ensuite à constater le deuxième ou le troisième, que des chasseurs de la localité avaient trouvé ses traces le matin, l'avaient lancé, fusillé et emporté. . . . .

Dans ces cas-là on s'en retournait assez penaud ! un peu comme le renard auquel on avait diminué l'apanage que lui a donné la nature? Maugréant contre les rapprocheurs qu'on portait aux nues la veille et estimait des prix fabuleux.

Dès que parurent les batards-anglais, le mérite des beaux et vaillants chiens de Vendée fut méconnu et on n'en parla plus qu'avec une espèce d'indifférence qui approchait presque du dédain, surtout pour chasser à courre. Peu à peu cette excellente race s'est perdue ou du moins a perdu beaucoup de ses qualités primitives qui étaient réellement merveilleuses.

La rareté des animaux courables rend aujourd'hui la chasse à courre bien difficile, pour ne pas dire impossible, car entretenir à grands frais un nombreux équipage pour ne chasser parfois que quelques ragots ou bêtes de compagnie, ça n'est vraiment pas la peine.

De même pour chasser quelques grands loups de passage !
Il y a donc tendance à revenir à cette excellente race de
Vendée ? mais où la trouver ?... quelques chasseurs privilégiés, tels que MM. Baudry-d'Asson, Maillé de l'Éminence
et autres chasseurs que j'ai perdus de vue, ont conservé ces
beaux types de Vendée de grande taille, à poil ras, blanc et
orange, qui faisaient l'admiration de tous autrefois, et sont
fort rares aujourd'hui.

Quant à la race des griffons, elle s'est assez bien con-
servée en Nivernais, elle a même pris le nom de Griffon du
Nivernais, on trouve encore de beaux types chez

MM. Frossard à Guipy (Nièvre),

     De Veny, au Chailloux près Cercy-Latour,

     Massin, à Montigny-sur-Canne (Nièvre),

     Comte de Pasis, à Ougny près Châtillon,

     De Champigny et autres veneurs Nivernais.

Ils ont beaucoup de tenue, de gorge et conviennent parfaitement pour chasser dans ce pays de bois fourré et mal
percé.

Il y a très-peu de grands équipages aujourd'hui dans ce
pays-là. Les veneurs les plus distingués sont MM. D'Anchal qui possèdent un vautrait au nombre de quatre-vingts
chiens bâtards de Vendée et anglais pur sang, parfaitement
dans la voie du sanglier. Ce vautrait force et prend régulièrement. Le piqueur qui le dirige se nomme rabais aussi
brave qu'habile et courageux.

M. de Chargère, très-connu par ses brillants succès et
son intrépidité sans égale,

MM. Comte du Bourg très-habile veneur,

     Marquis de Veny,

Comte de Pasis,
De Fontenay,
Massin.

Ces vaillants disciples de saint Hubert chassent très-bien
et ils ont d'autant plus de mérite que le pays est extrêmement difficile et les chemins affreusement mauvais ; aussi
faut-il rendre hommage à leur courage, ce que je fais sin-
cèrement. J'aurai du reste occasion de parler dans le cours
de cet ouvrage des succès de plusieurs de ces intrépides
veneurs.

Un veneur incomparable.

Description de la forêt de Tronçais.

La forêt de Tronçais, située dans l'arrondissement de
Montluçon et à proximité du bourg de Cérilly (Allier), est
une des plus belles de France ! Des bois de chêne et de
hêtre y poussent avec une vigueur prodigieuse ! sa super-
ficie est de onze mille hectares. La moitié, à peu près, est
en vieilles futaies deux ou trois fois séculaires. Au milieu
se trouve un rond-point nommé rond-gardien ! là, viennent aboutir neuf grandes lignes, toutes de douze mètres de
large, s'étendant à perte de vue. Toutes ces routes con-
duisent à d'autres ronds-points auxquels viennent se join-
dre des lignes plus ou moins nombreuses, parfaitement
entretenues. Du côté sud-ouest, on remarque de vieilles futaies très-claires avec prairies sous bois dans lesquelles se
trouvent des genévriers épars qui forment un ensemble
majestueux et sauvage tout à la fois !

Au nord et à l'est, les futaies ont été récemment exploi-
tées. La vue domine une immense plaine de hautes bruyères et de taillis épars dans lesquels les grands animaux se
plaisent à se remettre.

En suivant la route de Lurcy-Lévy on rencontre, à quelques
kilomètres du rond-gardien, une immense pièce d'eau qui
coupe la forêt en deux, d'un bout à l'autre. C'est là dans
ces parages que commencent et finissent presque toutes les
chasses. Cette nappe d'eau portait autrefois le nom d'étang
Pireau, placée dans une riante vallée entourée de futaies.
L'État a transformé cette pièce d'eau, il y a 35 à 40 ans
de cela, en un vaste réservoir d'une étendue de six à sept
kilomètres sur une largeur de 200 à 1,800 mètres, suivant
les sinuosités du terrain.

La chaussée de la pièce d'eau mesure 33 mètres de hauteur, sur 300 de longueur et 30 de largeur? C'est une œuvre d'art admirable. Les travaux faits pour la distribution
des eaux ont été ingénieusement conçus et permettent à l'aide
de larges conduits et de pelles à crémaillères de donner,
suivant les circonstances, les volumes d'eau nécessaires aux
besoins de la navigation.

De chaque côté la vue domine une immensité de bois
dont le sommet se confond avec l'horizon. L'étang majes-
tueusement placé au milieu paraît se perdre dans l'infini !

Celui qui examine la majesté de ces belles choses ne peut
se défendre de lever les yeux au ciel et demander au Tout-
Puissant de lui accorder de longs jours pour pouvoir toujours les admirer ! ! !...

Près de l'autre extrémité de la pièce d'eau, partie sud, se
trouve un pont, à plusieurs arches en pierres taillées, bien

qu'à cet endroit, le réservoir soit plus étroit et couvert d'é-
pais roseaux et arbrisseaux qui ne permettent pas à la vue
de voir où commence et finit le large ruisseau qui l'ali-
mente.

C'est dans cette partie resserrée de la forêt que se trouve
le passage habituel des animaux sauvages pour aller d'un
côté à l'autre chercher leur nourriture ou pour s'abriter
dans les fourrés d'épines, de houx et de hautes bruyères !

Ce passage est considéré par les chasseurs à tir comme
un véritable assommoir. Il existe en effet à cet endroit une
partie marécageuse que les sangliers ne traversent jamais
sans se souiller ! aussi l'a-t-on surnommée *la souille des sangliers*. A côté, dans un groupe d'arbres, une petite hutte en
branches de genévriers et de fougères traîtreusement arran-
gée pour cacher le tireur. C'est à cet endroit que les maîtres d'équipage postaient les amis qui venaient les visiter
et n'avaient pas l'habitude de voir fauves et noirs, se ré-
jouissant à l'avance d'entendre raconter à la veillée les
émotions des uns et les regrets poignants des autres !...

C'est au point central de cette vaste et majestueuse
forêt nommée point du jour, que, sacrifiant le faîte des
châteaux, l'agrément des villes, au plaisir de la chasse, un
veneur incomparable a transporté ses chenêts, afin de pouvoir s'adonner tout entier au culte de saint Hubert. — Il y
a plus de cinquante ans de cela, pendant lesquels on peut
évaluer sans porter atteinte à la vérité, les prises de ses
sangliers, à au moins trente annuellement, ce qui ferait un
total, aujourd'hui 1ᵉʳ mai 1878, de quinze cents environ !

Bien vieux actuellement, M. le marquis de Beaucaire fut

un cavalier exceptionnel : d'une haute stature portant haut la tête ! et doué de forces physiques plus qu'athlétiques, courageux jusqu'à la témérité, bravant tous les temps, toutes les fatigues, il méritait, à juste titre, d'être nommé le roi des veneurs ainsi qu'on pourra le voir par la lecture de ses hauts faits cynégétiques.

M. de Beaucaire est le seul représentant d'une noble famille du Languedoc ! choyé à l'excès par sa bonne mère qui adorait son unique enfant, il prit dès sa jeunesse l'habitude de ne faire que ses volontés et satisfaire tous ses caprices ! Il eut de plus le malheur de perdre, jeune, cette excellente mère ! son instruction en souffrit beaucoup, à vingt ans il savait à peine signer son nom ! aussi fuyait-il la société dans laquelle il se trouvait mal à l'aise ! par suite, son amour-propre blessé l'avait rendu étrangement sauvage ! Aussi n'entreprendrai-je point de faire le portrait de cette nature exceptionnellement douée de qualités inappréciables et aussi d'un caractère susceptible et terrible tout à la fois ! j'avoue du reste que je suis fort mauvais juge de mes amis, les yeux chez moi n'ayant jamais su voir que le bien et le cœur, que pardonner les erreurs ; aussi ne parlerai-je que du veneur émérite dont j'ai été le camarade de chasse et qui, pendant bien des années, a fait mon admiration, comme elle a fait celle de tous ceux qui l'ont vu derrière ses chiens à la poursuite d'un sanglier ou d'un loup passant, franchissant, brisant tous les obstacles qui se trouvaient sur son passage !.... Un fait sans précédent donnera au lecteur une idée de son ardeur, de sa bravoure et de son intrépidité héroïque !...

Peu de temps après la joyeuse et mémorable Saint-Hubert de Bourbon-l'Archambault, d'ardents chasseurs de Clermont, de Montluçon, de Moulins, attirés par le bruit et les succès cynégétiques du célèbre veneur de Tronçais vinrent s'installer, à Isle et Bardais, village à proximité de sa demeure, pour avoir l'avantage de le connaître et chasser avec lui.

M. de Beaucaire, possesseur alors d'une brillante fortune, grand, généreux, ne calculant jamais, avait chaque jour table ouverte. Une de ses faiblesses était d'aimer *l'encens*, les courtisans et les admirateurs de sa personne et de ses hauts-faits ! Dans ces cas-là, il ne se possédait plus ! Et il n'était jamais plus heureux que lorsqu'il pouvait mettre sous la table les disciples de Bacchus qui voulaient se mesurer avec lui, de même lorsqu'il pouvait fatiguer et faire perdre au milieu de fourrés impénétrables les camarades en saint Hubert qui avaient voulu essayer de le suivre en chasse !

Il éprouvait un plaisir non moins grand à faire de bonnes plaisanteries aux chasseurs étrangers pour les dégoûter de venir dans son arrondissement lui disputer les bêtes noires.

Il avait toujours chez lui des traces de sanglier et, la veille des chasses de ses condisciples en saint Hubert, avec leur meute, il passait souvent des nuits à marquer l'empreinte des pieds de sangliers morts, sur le sol dans les chemins et sentiers où il savait que les valets de limier devaient faire le bois !.... Le lendemain il éprouvait un secret contentement en voyant l'embarras des piqueurs et l'étonnement des chasseurs en présence du mutisme incompréhensible de leurs meilleurs chiens ?...

C'était un petit travers, mais qui ne laissait pas que de lui faire des ennemis implacables.

Un jour de décembre de cette même année, des bûcherons matinals aperçurent un grand sanglier traversant une
des lignes du rond de La Cave, ils en informèrent aussitôt
M. de Beaucaire qui fit prévenir de suite les chasseurs d'Isle
et Bardais qu'il se rendait avec son équipage sur les lieux
indiqués et qu'il les attendait.

Tous s'empressèrent malgré l'intensité du froid de répondre à cet amical appel !

Aussitôt réunis, les chiens d'attaque furent découplés sur
la voie et quelques instants après l'animal fut lancé dans
les taillis de la Grand'vente ! Le relais composé de 90 magnifiques chiens de Vendée fut donné et la chasse prit aussitôt
une animation peu ordinaire ! Le sanglier après s'être fait
rebattre dans les fourrés des prés logés, prit un parti, tra-
versa les futaies du rond-gardien, des cabottes et se dirigea
sur les cantons de Menecère !...

Le vaste étang de Saloup était gelé, les bords cependant
n'étaient pas, à certains endroits, complétement pris ! Les
chiens passent à pont neuf, et entrent en futaies en faisant
un carillon infernal, à la vue de tous les chasseurs, à la
tête desquels se trouve le maître d'équipage ! Le vaillant
veneur, sans calculer le danger, sans hésiter, presse les
flancs de son cheval et passe sur cette glace que le pas ca-
dencé de son coursier fait doucement osciller ! . . . .

Arrivé au milieu de l'immense pièce d'eau glacée, il
tourne fièrement la tête, mais sans s'arrêter, et crie à ses
nombreux confrères en saint Hubert qui le regardaient fré-
missants de crainte : Messieurs, « La glace porte ». . .

Il arriva à l'autre bord sain et sauf, ce qui fut considéré par tous comme un fait miraculeux !

Je pourrais citer nombreux hauts faits aussi surprenants pour expliquer le mépris qu'il faisait du danger !... mais je me bornerai à raconter, très-succintement, ceux dont j'ai été le témoin !

Certain jour, surexcité encore par la présence de nombreux chasseurs et spectateurs, il franchissait à cheval l'*écluse* du canal du Cher !

Une autre fois, dans le cours d'une chasse, il tentait de franchir le canal du Cher ! mais le terrain mouvant ne permit pas à sa rude jument coquette de prendre son essor, cavalier et cheval tombèrent à l'eau et faillirent y rester !....

Un autre jour, il lançait son cheval à toute vitesse dans une fausse ligne de la forêt, il ne put détourner une branche d'arbre brisée qui lui entra dans la bouche et lui fendit la joue jusqu'à l'oreille !

Une autre fois encore, il fut emporté par quatre jeunes chevaux qui n'avaient jamais été attelés et qu'il surexcitait du fouet et de la voix. La voiture fit la culbute, le conducteur fut pris dessous et traîné, à plus de cent mètres ! Il eut l'épaule démise. Le bras mal remis ou pour mieux dire pas remis du tout par un rebouteur, renommé cependant, lui causa pendant plusieurs semaines d'affreuses souffrances qui ne l'empêchèrent pas néanmoins de chasser ! ne pouvant plus résister à la douleur, il envoya chercher à Moulins le docteur Bernard, son ami, qui lui remit le bras, mais ce ne fut pas sans peine.... Il ne fallut pas moins d'une heure et de douze hommes de force pour la mise en place !

Un autre jour, il recevait en chasse d'un chasseur maladroit, à la naissance du cou, à bout portant, un coup de fusil chargé de chevrotines ! heureusement le col de sa peau de chèvre et de volumineux pelotons de muscles amortirent la force des projectiles !... Il tomba de cheval et fut porté presque mort chez lui... Le soir même, pendant qu'on lui arrachait les plombs du cou, il sifflait des airs de chasse et, un mois après, il chassait avec le même entrain qu'avant !.. Le sang de gentilhomme de vieille race se retrouvait toujours dans cette nature indomptée et indomptable.

Un jour de réunion à Bourbon-l'Archambault, la société Rallie-Bourbonnais chassait un sanglier dans la forêt de Grosbois ! M. Henry, riche propriétaire qui plaidait avec les fermiers des chasses, avait donné ordre à son garde de verbaliser contre les chasseurs qui se permettraient de passer sur les prairies enclavées dans les bois.

Dans le cours de la journée, la chasse les traverse et les chasseurs à la suite, mais en apercevant la plaque du garde, tous se sauvent dans toutes les directions.

Le maître d'équipage seul en voyant le serviteur et représentant de la loi s'avancer de son côté met son cheval au pas.

Votre nom ! lui demanda le garde.

Marquis de Beaucaire ! Et il ajoute d'une voix superbe ! si vous avez ordre de sévir contre lui ! vous avez là une bien belle occasion de faire votre devoir ? Et il repart gaillardement !

. . . .

Artiste passionné, il avait acquis un merveilleux talent sur la musette façonnée sur ses indications dans des condi-

tions tout à fait exceptionnelles en si bémol et basses notes que le souffle de ses poumons pouvaient seuls faire
aller ! Aussi la musette du marquis est-elle légendaire
dans le pays : Elle se composait d'un volumineux sac de cuir
enveloppé d'un velours soie verte, portant à une des extrémités un montant, en bois des îles, avec plusieurs gaînes
dans lesquelles s'adaptaient deux fluteaux à large pavillon
pour le doigté, un gros et long bourdon en ébène pour l'accompagnement et un tube en argent pour introduire le vent
nécessaire à produire l'harmonie des sons.

Pendant la saison des fêtes et apports, il prenait grand
plaisir à parcourir les villages dans une voiture à quatre chevaux, acclamé toujours par la foule qui réclamait la musette !
la musette ! Il arrêtait alors son char-à-bancs, sortait l'instrument, et faisait danser la jeunesse à cœur joie !... Il était
jeune alors et ne demandait en paiement que la faveur d'embrasser les danseuses qui généralement s'y prêtaient toutes
volontiers ! Et pour égayer et contenter les danseurs, il
faisait apporter une pièce de vin qui se buvait à la santé
du musicien ! aussi était-il très-populaire et très-aimé....
des danseuses...

Je n'entreprendrai pas de raconter les bonnes et mauvaises fortunes et les histoires et aventures de ce vert galant,
et homme de fer, parmi lesquelles il en est cependant de
bien bonnes !... je me résumerai à citer les faits cynégétiques les plus curieux, bien suffisants du reste pour intéresser les chasseurs ?

Un combat corps à corps d'un solitaire avec un veneur incomparable.

En 1854, un solitaire redoutable fut attaqué par l'équipage de M. de Beaucaire dans les cantons des forges de Tronçais, au milieu d'une compagnie de bêtes noires. Il essaye à plusieurs reprises de donner change, mais les vieux chiens Domino, Chalengo et Mont-d'or soutiennent vaillamment la réputation bien méritée des bâtards de Vendée ! Ils ne quittent pas leur animal ! ce sont toujours eux qui relèvent les balancés et les défauts, tiennent les abois sans jamais se faire blesser ? leur instinct est admirable ! ils connaissent parfaitement le danger qui les menace, de même que le renfort qui leur arrivera à un moment donné !

Chasseurs et piqueurs s'occupent tous de rompre les mauvaises chasses et à ameuter aux chiens de change ! tout se fait avec entente et réussit parfaitement ! Le solitaire est relancé, parcourt les cantons les plus impénétrables, traverse les vieilles futaies de Mora et celles du trésor et après trois heures de chasse des plus mouvementées, les chiens l'arrêtent à la queue de l'étang de Saloup ! l'animal s'enfonce et se perd dans la vase ! les chiens l'entourent mais perdant pied dans ce liquide boueux, ils sont sans force !..

Le sanglier de grande taille a tout l'avantage ?.... Il tue et écrase les plus hardis qui l'approchent !...

Malgré les inconvénients de la situation, les abois n'en sont pas moins bruyants et admirables !...

Aucun de nous n'ose s'aventurer par crainte de disparaître tout entier dans ces fondrières traîtresses !

. . . .

Le roi des veneurs, le marquis de Beaucaire, comme
toujours dans les cas difficiles, s'avance à cheval, la carabine à la main et arrive près du sanglier l'ajuste et tire !...
le cheval effrayé, sentant ses forces paralysées sous l'étreinte
des puissantes jambes de son cavalier, se renverse... Et
sort avec beaucoup de peine du terrain mouvant dans lequel
il est enfoncé jusqu'aux épaules.

Le grand maître veneur se trouve lui-même dans cette
vase dégoûtante jusqu'au sein ! . . . .

Le sanglier est devant lui qui pointe et le charge ! . .

Le vigoureux chasseur n'a pas quitté son arme, il ajuste
de nouveau son terrible ennemi, mais la boue amortit l'effet du marteau ! le coup rate !... Il se défend alors comme
un lion !... Il frappe ! frappe toujours !... à chaque coup
de crosse le sanglier recule !... blessé du premier coup de
feu, il n'en est que plus furieux et cherche à briser et à
anéantir son agresseur à coups de boutoirs sans cesse
répétés !... Les coups de crosse parent les coups de tête et
la lutte se prolonge !... Les chiens excités par la voix de
stentor de leur maître, se jettent par intervalles sur l'animal,
forcé alors de reculer pour défendre ses suites !... Mais
aussitôt débarrassé de ses ennemis, il revient sur le chasseur !... et la bataille recommence de plus belle !... Les
secondes sont des heures ! . . . .

. . . Chacun de nous éprouve une angoisse indicible...
La position n'est plus tenable !... Nous nous décidons à

avancer !... Mais impossible... Nos chevaux pris dans la vase
refusent !... nous sommes au désespoir ! . . . . . .

O ! Dieu tout-puissant, protégez-le ! . . . . . .

. . . .

A la vue de nos efforts, l'intrépide veneur a senti son
courage se ranimer encore ? on aperçoit ses yeux briller
comme des diamants !... au milieu de cette boue qui le couvre en entier !... Sa voix tonne et retentit dans les airs
comme un appel suprême à ses quatre-vingts chiens ! à moi
météore !... hallali turco ! hallali ! mes beaux !... Electrisée,
la meute toute entière se précipite de nouveau à l'attaque
de l'ennemi et le force par ses coups de dents répétés à se
défendre et à se retourner !... Profitant d'un moment de répit,
le grand maître veneur essuie de son mieux, avec le col de
sa tunique, l'amorce de son arme et au moment où le sanglier en fureur revient sur lui, la gueule toute grande ouverte,
il lui plonge le bout du canon dans le gosier... Le coup
part sourd, effrayant, qui fait cabrer et sauter l'animal, s'aidant sans doute, à dix pas en arrière ? . . . .

Ce spectacle surprenant et imprévu tout à la fois, trans-
forme instantanément nos émotions et provoque chez tous,
en même temps que la satisfaction, une bruyante hilarité !...

Notre ami sort de la vase, ses vêtements sont en lam-
beaux, il est littéralement couvert de boue et méconnaissa-
ble !... on ne distingue dans sa figure que ses yeux étince-
lants... devant lesquels eût reculé d'effroi le plus hardi des
mousquetaires.

Tous ceux qui ont connu le marquis de Beaucaire seront,
comme moi, de cet avis ; c'est que la majestueuse forêt

de Tronçais ne verra plus sans doute pareil veneur et ses échos ne répercuteront plus les sons d'une voix aussi retentissante !...

Pour nous rassurer et se soustraire à nos étreintes, le marquis saisit sa trompe et sonne l'hallali avec une force de poumons à faire éclater le pavillon ? . . . .

. . . .

Les défenses de ce terrible sanglier sont en la possession de madame de Beaucaire à Cérilly (Allier).

En 1855, le général, duc de Mortemart, qui se connaissait en hommes de guerre lui écrivait en ces termes :

Mon cher Marquis,

L'armée française se bat en Crimée, je puis être appelé à partir d'un jour à l'autre, pour lui prêter main-forte ! Je compte sur vous pour m'accompagner et m'aider à férer quelques bons coups d'épée à l'ennemi.

En attendant, je vous prie de chasser à Meillant à votre guise, votre plaisir sera le mien, nous règlerons le reste quand j'aurai la satisfaction de vous revoir et de vous porter les sympathies de madame de Mortemart, etc.

signé : G. Duc de Mortemart.

La prise de Sébastopol survenu rapidement ne permit pas de mettre à exécution le projet que les deux amis avaient formé, ce furent les sangliers de la vaste forêt de Meillant qui reçurent les coups destinés aux ennemis de la France !

Je ferai le récit des chasses les plus remarquables qui eurent lieu à un chapitre spécial.

Une Saint-Hubert du temps passé.

En 1840, soixante et quelques chasseurs s'étaient réunis à Bourbon-l'Archambault (Allier) pour fêter saint Hubert. Trois meutes de chiens de Vendée avaient été amenées par les veneurs des environs, appartenant l'une à M. le marquis de Beaucaire, l'autre à M. de Labrousse, la troisième à M. de Brugeat.

Les forêts de l'État étaient assez bien peuplées en bêtes noires, à cette époque, et tous se réjouissaient d'assister aux chasses dirigées par les grands veneurs d'alors, et aux bruyantes menées de ces vaillants chiens bien dignes de leur renommée. Aussi, dès le lendemain, grand jour de fête, tous les chasseurs étaient-ils sur pied avant l'aurore, cassant la croûte et arrosant la tranche de jambon des vins des meilleurs crus de Pouilly.

Quelques instants après, la fanfare du départ se faisait entendre, les maîtres d'équipage et tous les chasseurs montaient à cheval et se dirigeaient sur la forêt de Grosbois.

Un grand sanglier est donné au rapport et attaqué vaillamment par 120 chiens lâchés à la branche, qui font aussitôt une harmonie des plus réjouissantes et des plus animées. Le rapproché dure quelques minutes seulement, l'animal est lancé et aussitôt les bien-aller de trente trompes se font entendre sans discontinuer un seul instant. Mais, comme tous les vieux sangliers rusés, l'animal rebat ses voies, va se jeter dans une compagnie de bêtes noires et donne change. Les chiens se divisent, plusieurs chasses se font entendre sur différents points de la forêt. Les postes sont aussitôt doublés et les coups de fusils retentissent de tous côtés. L'animation des hommes, des chevaux, des chiens, entretenue par le bruyant son des trompes, forme un ravissant spectacle, et l'ouïe n'est pas moins charmée que la vue ; l'hallali se fait entendre par intervalles et finit de réjouir les chasseurs.

Dans le cours de la chasse, un ragot veut débucher sur la forêt de Messarge. Sa vue excite la curiosité des chasseurs, et tous prennent plaisir à voir la vitesse de la course, lorsque tout à coup apparaît un cavalier dans la plaine. Il charge le sanglier, et la rapidité de son cheval est telle qu'il aborde la bête noire et marche pendant quelques instants côte à côte avec elle, le fusil au poing. Au moment où l'animal franchit un large fossé et retombe sur ses quatre pieds, il reçoit, entre les écoutes, un coup de feu qui l'étend raide mort sur le talus... Bravo ! c'est le marquis de Beaucaire qui l'a si bien paumé !

Une fois les compliments et les félicitations adressés au grand maître sur son habileté et la vigueur extraordinaire de son fameux cheval Tortin, le fouail terminé, chasseurs et chiens rentrent en forêt. Après trois quarts d'heure de marche environ, une chasse des plus ronflantes se fait entendre. Tout aussitôt les chiens rallient à la voix et les chasseurs à la trompe, l'animation redouble et se continue jusqu'à l'approche de la nuit. A ce moment, tous les chasseurs se réunissent pour arrêter les chiens.

La chose faite, tous reprennent le chemin du logis au son de la retraite prise. En se retrouvant, les chasseurs comptent au nombre des morts cinq beaux sangliers, ma foi !

En rentrant à l'hôtel Vigan, M. de Beaucaire apprend que son excellent ami M. de Saint-L..., vient d'arriver et qu'il est dans sa chambre au deuxième étage : charmé de cette bonne nouvelle, l'intrépide veneur presse les flancs de son cheval, et sans hésitation le fait grimper, toujours courant, jusqu'au deuxième étage, pour avoir la satisfaction de serrer plus vite la main de son bon et brave camarade et de lui exprimer tout son contentement de le revoir.

La démonstration d'amitié terminée, la descente des deux étages s'opère sans accidents !...

La dernière marche de l'escalier du second porte encore l'empreinte des pieds du cheval ; les curieux peuvent la voir encore aujourd'hui.

Quelques instants après, la cloche de l'hôtel appelle tous les chasseurs, qui, sans se faire attendre, se rendent dans la salle à manger.

Les places d'honneur désignées et occupées par les maîtres d'équipage, tous se mettent en mesure de calmer l'appétit surexcité par la course et le grand air. Aussi le commencement du dîner ne fut-il pas très-bruyant, mais peu à peu la tête des plus ardents s'anime. Arrivé au dessert, M. de Beaucaire, très-satisfait de la manière de chasser des trois meutes réunies, propose à ses deux camarades de leur acheter leur équipage composé ensemble de soixante chiens. L'un et l'autre consentent, mais moyennant un prix très-élevé. Le grand veneur l'accepte sans sourciller. Aussitôt tous les convives se lèvent au milieu des hourras.

Emu par ces chaleureuses et bruyantes acclamations, le grand veneur se lève ; sa haute stature, sa tête superbe, le feu étincelant de ses yeux, ses mouvements nerveux et énergiques imposent le silence à tous.

« Je vous remercie, messieurs, mille et mille fois, dit-il, du témoignage d'amitié et de sympathie que vous m'exprimez si°chaleureusement ; je ne saurais jamais vous dire combien j'en suis touché et combien je suis heureux d'être au milieu d'aussi bons et d'aussi braves camarades : permettez-moi à mon tour de boire à votre santé. »

Et, saisissant un globe à fromage :

« Versez, dit-il, à plein bord ! Je veux en buvant au bonheur de vous tous réunis, demander au grand patron des chasseurs et au dieu Bacchus de protéger leurs fervents disciples en répandant dans nos cœurs cet esprit d'union et d'entente qui fait notre joie aujourd'hui ! C'est un bienfait des dieux que nous ne saurions jamais assez apprécier. Plaise au ciel de nous continuer cette faveur inappréciable et nous procurer pendant longues années le plaisir de courir ensemble le gibier de notre choix, le grand sanglier, et de sabler le soir les produits de nos grands crus de France, qui réjouissent le cœur et l'esprit.

« Je bois à la santé de tous et à nos futurs succès ! »

Et, d'un seul trait, le roi des veneurs vide la coupe pleine de vin mousseux !. . . . .

. . . .

Un hourra général acclame le grand veneur, et tous veulent répondre à ce pétillant toast. Le champagne coule aussitôt à flots, les verres se choquent et tous les bras se tendent dans la direction du vaillant disciple de saint Hubert et de Bacchus.

Il existait, à cette époque, une singulière croyance : c'est que la *casse* portait bonheur ; aussi, après force libations, on entend tout à coup le bris de verres, d'assiettes, de glaces, etc. La voix du grand veneur n'est plus écoutée.

Surexcité lui-même par l'entrain et la gaieté, il se lève en disant : « Ah ! vous voulez tout casser pour que cela nous porte bonheur ? Attendez..... »

Il sort et rentre quelques instants après dans la salle à manger, portant son cheval sur ses épaules et le lance sur la table qui se brise avec un fracas épouvantable.

Le cheval se relève effrayé, bondissant à droite, à gauche. Les chasseurs poussent des acclamations étourdissantes ; les maîtres de l'hôtel, des cris de paon, qui attirent, en grande partie, les habitants de la ville.

M. le maire se présente, ceint de son écharpe.

Le silence se fait.

« Messieurs, les habitants de Bourbon-l'Archambault sont certainement très-heureux de posséder dans leurs murs l'élite des chasseurs et des veneurs du Bourbonnais, mais permettez-moi de vous dire que votre trop grande gaieté a inquiété quelques esprits ; et je viens vous supplier, messieurs, de vous modérer, d'être moins bruyants en fêtant vos succès de chasse. »

M. de Saint-L… s'avance auprès du représentant de l'autorité.

« Monsieur le maire, nous déclarons hautement tout notre respect pour l'autorité administrative et toutes nos sympathies pour votre personne, en même temps que notre estime pour les braves habitants de votre ville ; et pour vous en donner la preuve, nous allons, monsieur le maire, nous conformer au désir que vous nous avez exprimé en termes si courtois, et être beaucoup plus calmes.

« Mais, monsieur le maire, permettez-moi, personnellement, de vous demander une grâce : celle de vous faire une communication.

« Il s'agit d'un engagement insensé, pris avant notre arrivée ici, avec un de mes amis qui me faisait redouter votre présence, monsieur le maire, et votre sévérité. J'ai été assez fou, pour parier vingt-cinq louis que si vous vous présentiez parmi nous, je vous ferais boire du champagne dans votre chapeau. »

Hilarité générale !

Stupéfaction de M. le maire, qui ne sait comment prendre la plaisanterie.

— Rassurez-vous, monsieur le maire, répond notre ami. Si je gagne les vingt-cinq louis, je les destine aux pauvres de votre commune, et c'est à vous qu'ils devront ce secours.

— Soit !

Le champagne est aussitôt versé par plusieurs bras empressés dans le couvre-chef de M. le maire, qui, sans hésiter, sans sourciller, boit à un des bords de sa coiffure.

— Bravo, bravo, monsieur le maire ! En triomphe M. le maire !

Notre ami, le grand veneur, prend M. le maire à cheval sur ses robustes épaules et le promène en triomphe dans la salle.

Au même instant, un bien-aller sonné par trente trompes se fait entendre, suivi de la fanfare : *les Honneurs !*

La musette du marquis de Beaucaire est apportée et aussitôt un bal est organisé.

Les plus belles filles sont recherchées, les gy-gouys (invite d'usages à embrasser sa danseuse avant la bourrée) durent des minutes ; les bourrées sont interminables, car le musicien a entrepris de lasser les danseurs et les danseuses. Le son harmonieux de l'instrument champêtre égaye tous les assistants ; les punchs brûlent aux quatre coins de la salle et tous boivent et sautent à cœur joie.

Les ménétriers de la localité sont requis et succèdent à notre ami désireux de passer la revue du beau sexe.

Nous sautions et dansions encore lorsque le jour vint nous surprendre.

Une chasse au clair de la lune.

En 1852, une affaire importante m'avait appelé au Montet-aux-Moines. Quand elle fut réglée, je me rendis chez M. de Beaucaire, à son habitation du Point-du-Jour.

— Ah ! mon ami, s'écria le marquis, en me voyant arriver, vous venez bien à propos, j'ai besoin d'un sanglier pour

donner à un de mes amis qui marie sa fille. Voici huit jours
que je bats la forêt sans pouvoir réussir à le prendre. Espérons que, réunis, nous serons plus heureux ! Mais je suis
forcé d'aller demain acheter des chevaux à la foire de Saint-
Amand et ne pourrai chasser avec vous ! Comme le temps
presse, vous irez quand même au bois avec l'équipage, et
si vous trouvez un sanglier, vous l'attaquerez et tâcherez de
le prendre ; je vous donne carte blanche.

En entendant cette communication, ma joie fut grande, et,
comme j'étais plein d'ardeur alors, je répondis à mon ami.

— A l'œuvre tout de suite ! Donnez-moi un homme pour
m'aider à faire le bois et je pars dans un instant.

Les bêtes noires n'étaient pas très-nombreuses à cette
époque dans la forêt de Tronçais, elles étaient même très-
rares.

Mon ami avait peu de foi en mon expérience, aussi s'em-
pressa-t-il de me faire servir à déjeuner et de me désigner
un des hommes de l'équipage pour m'accompagner.

Deux heures après j'étais en forêt, marchant vivement,
scrutant les sentiers, chemins et bordure du bois.

Tout-à-coup j'aperçois, sur le bord d'un fossé, un beau
pied de sanglier à son tiers an. Il entrait dans les fourrés
de Pont-Charreau, et je jugeai qu'il devait y être baugé,
car c'est une ruse des vieux sangliers de se remettre sur les
lisières de bois plutôt qu'en pleine forêt.

Pour bien m'assurer de sa demeure, je fis plusieurs enceintes, et, ne le trouvant pas sorti, je dus conclure qu'il
était cantonné.

A la chasse comme à la guerre et en amour, chacun
avise au moyen le plus certain de réussir.

Je m'empressai donc d'effacer les traces de l'animal partout où je les rencontrais, afin d'éviter qu'un rival en prît connaissance et me le disputât peut-être, et aussi pour pouvoir mieux distinguer celles du lendemain, dans le cas où il reviendrait sur ses voies.

Une fois l'animal rembuché, je reprends le chemin du Point-du-Jour et dis à mon ami, en arrivant, (pour ne pas le préoccuper,) que j'avais bien rencontré les traces d'un bel animal à son tiers an, mais de vieux temps ; qu'il faisait tête sur Pont-Charreau ; que, quoiqu'il en fût, j'irais de ce côté dans l'espoir de le rencontrer.

— Je regrette beaucoup de ne pouvoir vous accompagner demain, me dit l'habile veneur, car, à coup sûr, s'il y est, nous le prendrions.

— Il est bien certain, mon bon ami, lui répondis-je, que vous n'y étant pas, le sanglier aura beau jeu et grande chance d'échapper à mes coups.

Mon excellent ami n'avait confiance qu'en lui ; il était terrible sur toutes les questions de chasse et n'admettait pas que d'autres que lui pussent réussir.

Le soir venu, je fis garnir les fontes de la selle de mon cheval de provisions de bouche, et, le lendemain, j'étais au bois au petit jour avec le piqueur.

On attaquait de très-bonne heure dans ce temps-là.

L'équipage devait partir à huit heures et les chiens être hardés à neuf heures sur une des lignes du trésor attenant à Pont-Charreau.

Le piqueur examinait de son côté les cantons d'Ainay-le-Château, et moi, la lisière des bois donnant sur la plaine de Saint-Bonnet-le-Désert.

Je marchais vivement, lorsque le hasard me fit faire la rencontre de deux ouvriers de bois qui se rendaient à leur travail habituel.

Je demandai très-gaiement, et en plaisantant, à l'un deux, s'il n'avait pas vu de pied de loup.

— Ma foi, non ! répondit-il ; mais j'ai rencontré un beau pied de sanglier, tout frais, qui rentre dans les bruyères de Saint-Bonnet.

— Faites-le-moi voir, lui dis-je, et je vous donne le prix de votre journée.

— Bien volontiers.

Et nous voilà en route !

Arrivé à l'endroit désigné, je reconnus parfaitement mon sanglier de la veille rentrant dans les fourrés de Pont-Charreau.

Il ne m'en fallait pas davantage.

Je m'empressai de me rendre au relais où le piqueur et moi devions nous rencontrer.

L'équipage de M. de Beaucaire se composait alors de quatre-vingts chiens français de Vendée ; mais, dans le nombre, vingt-cinq étaient réservés pour la chasse de chevreuil. Il n'y avait donc attachés à la harde que cinquante ou cinquante-cinq chiens dans la voie du sanglier, ce qui était plus que suffisant pour bien chasser.

A neuf heures, le piqueur arrivait et me dit en souriant qu'il avait bien trouvé les traces du sanglier... mais aussi, ma brisée.

Nous partons immédiatement avec douze chiens d'attaque. Nous les découplons aux branches ; nous entendons aussitôt un rapproché admirable. Le sanglier, baugé non

loin de la brisée, est attaqué : les hardes de meute sont
données, tous rallient promptement et l'ensemble des
chiens, appuyé par les trompes, fait une musique des plus
animées, des plus réjouissantes.

Peu accoutumé alors à une aussi brillante harmonie, je
sautais de joie sur la selle de ma vigoureuse jument qui
semblait partager mon allégresse.

L'animal s'engage dans les cantons du Trésor, prend les
futaies de Mora, celle des forges de Tronçais, s'en va dans
les ravins et carrefour de la Bouteille, se fait battre et rebattre dans des fourrés impénétrables, revient par l'étang de
Saloup et se fait chasser jusqu'à la nuit dans les fourrés de
Soulisse.

Je l'avais tiré de cheval et manqué, en traversant une
des lignes du rond de Beauregard. J'étais fort contrarié de
ma maladresse, au point que j'en aurais, je crois, mordu un
fer rouge de rage. La nuit arrivait rapidement. Il n'y avait
donc plus d'espoir de l'ajuster de nouveau.

Mais, avec une volonté comme celle que j'avais dans ma
jeunesse, que n'aurais-je pas entrepris ! Aussi me vint-il à
l'esprit la pensée de le chasser toute la nuit au clair de la
lune, qui était au plein, et de le tuer le lendemain au nez
des chiens.

Je dis donc aux hommes de l'équipage d'arrêter la meute
et leur proposai, en même temps, de leur donner un double louis s'ils voulaient faire ce que je leur commande-
rais.

— Parlez, monsieur, et, si nous le pouvons, nous le
ferons bien volontiers.

— Eh bien ! leur dis-je, voici ce que je voudrais : la nuit

approche, mais un magnifique clair de lune s'annonce. Arrê-
tez les chiens, couplez-les et emmenez-les au Point-du-
Jour. Laissez-moi seulement les quatre plus vigoureux et
un homme de l'équipage pour m'accompagner au village
des Chamignioux, afin de les faire restaurer, de laisser souffler aussi ma jument, et dans deux heures au plus, je serai
à la brisée, là où vous aurez rompu.

— Ramenez-moi les vingt-cinq chiens de chevreuil et, avec
les quatre chiens retapés, nous reprendrons la voie de notre
animal, nous le chasserons toute la nuit et demain matin,
ventre saint-gris ! nous le prendrons par les écoutes, j'en réponds sur ma tête.

Les quatre hommes d'équipage, aussi robustes qu'intrépides, accueillirent chaleureusement ma proposition et se
mirent aussitôt en devoir d'arrêter la meute : ce qui fut
facile, car elle était épuisée.

Les trois hommes partent : un reste avec les quatre
chiens reconnus les plus courageux et les plus mordants. Je
les emmène réparer leurs forces abattues à l'auberge la
plus proche.

La besogne consciencieusement faite, je repars pour le
rendez-vous où m'attendaient le piqueur et ses aides. Nous
découplons les quatre vaillants chiens sur la brisée du sanglier et peu après les vingt-cinq chiens de chevreuil.

Ces derniers, qui ne chassaient pas souvent et étaient
très-ardents, empaument la voie que brûlaient de gueule
les quatre chiens d'attaque, et alors commence un branle-
bas vraiment infernal.

Le sanglier, qui avait été promené toute la journée par
la meute, était las : il s'était remis dans les futaies de houx

et de hêtre de Villegeot, non loin de la brisée. Il est relancé ; il s'engage dans les futaies de la Grand'Borne, les hommes de l'équipage lui barrent le passage avec leur trompe, sonnant à tout rompre, sur le chemin du Rond-de-la-Cave, pour le retenir le plus longtemps possible sous ces grands bois, dans lesquels on entendait un carillon diabolique qui transportait les chasseurs, les cavaliers, les chevaux et les chiens.

Impossible de dire les émotions que tous éprouvent en entendant ce bruit enchanteur, qui retentit dans la vaste forêt que tous les échos répètent à la fois.

Les silhouettes et les ombres des fauves, leurs chandelles, paraissent et disparaissent sous les grands arbres.

Aux clameurs féroces des chiens répondent les cris sauvages des hommes, pour les appuyer et forcer l'animal à fuir.

Les nombreux ouvriers de bois dont l'habitude est de travailler dans les futaies devant leurs loges, une partie de la nuit, à faire du merrain, avaient tous allumé des feux qu'ils prenaient plaisir en entretenir, cette nuit-là, avec des lames de bois longues et minces qui produisaient des flammes s'élevant à une hauteur prodigieuse. Le spectacle était féerique, surnaturel, fantastique.

Ah ! cette chasse mémorable et cette nuit courte et longue resteront à jamais gravées dans mon esprit.

L'animal harassé était au nez des chiens qui semblaient par moments vouloir le dévorer vif ; mais jeunes, et n'étant en force, ils ne pouvaient l'arrêter.

Parfois des abois effrayants, épouvantables, des cris de chiens blessés, qu'il était impossible d'aller défendre, produisaient sur ma jeune imagination des émotions indicibles!... Et c'est en cette attitude que l'aurore me surprit.

Je m'attache aussitôt à la suite de la meute, afin d'être prêt à servir convenablement le ragot à la première occasion qui s'offrirait.

Mais... les bruyères de Soulisse sont très-hautes; impossible de distinguer l'animal, qui se faisait battre et rebattre comme un lapin sous ces maudits arbustes!... J'étais désespéré!...

Je pris le parti de me poster tout près d'un étroit sentier recouvert par les bruyères, mais dans lequel je l'avais entrevu passer et repasser suivi des chiens.

Après une longue attente. je suis assez heureux pour apercevoir ses écoutes au bout de ma carabine! Le coup part! Il tombe! se relève et retombe pour ne plus bouger!

Les chiens arrivent, se jettent dessus, le mordent à belles dents. L'hallali est sonné et ressonné... Il annonce notre succès à tous les échos de la forêt!

Nous rentrons au Point-du-Jour triomphants. En me voyant descendre de cheval, mon vieux camarade me dit très-vivement :

— Mon cher! je crois vraiment que vous êtes encore plus enragé de la chasse que moi !

— C'est peut-être vrai, mon bon ami, mais je n'acquérerai jamais votre savoir et ne saurai jamais percer au fourré, traverser les haies et passer par-dessus tous les obstacles qui se présentent, comme vous !

III

CHASSES D'AUTREFOIS EN NIVERNAIS

Le Nivernais est un pays très-boisé. D'après la statisti-
que faite de son étendue, le cinquième du sol est couvert
de bois. Les forêts attenantes à celles de l'Allier, du côté
sud-ouest, se continuent à l'est sur le Morvan et la Côte-
d'Or, leur étendue est immense. Celles du côté ouest qui
partent de Dornes, faisant suite à celles du département de
l'Allier s'étendent sur Four, Decize, Nevers, Clamecy,
Auxerre etc. Elles sont généralement très-fourrées, mal per-
cées, mais très-peuplées en fauves et bêtes noires.

Il y a cinquante ans les loups étaient tellement nombreux que les propriétaires et fermiers avaient beaucoup
de peine à s'en défendre. Ils détruisaient une grande partie
des bestiaux et animaux de toute espèce. Ils venaient prendre les chiens la nuit et souvent le jour jusque dans les
cours des domaines. On les voyait fréquemment à l'affût en
plein jour sur les lisières de bois. Les bergers et bergères
étaient constamment en alerte.

Un chasseur de cette époque M. Brière, propriétaire de

la terre d'Azy, près Nevers, leur faisait une guerre acharnée. Il avait formé une meute de 30 à 40 chiens de Véndée de grande taille, les uns étaient à poil dur, les autre griffons. Dans ces derniers il en était de très-curieux dont les poils étaient démesurément longs, cachaient entièrement leurs yeux et faisaient paraître leurs pattes d'une largeur énorme. Ces chiens étaient généralement robustes, très-ardents et très-mordants. Ils étaient conduits par un piqueur célèbre par son intrépidité et son habileté? Il se nommait Charrier. Lorsqu'il était à la poursuite d'un loup, il passait partout, bravait tout. Les chasseurs de ce temps-là parlent encore de ses hauts faits avec feu et enthousiasme. Son courage dépassait souvent la témérité! Plusieurs l'ont vu traverser la Loire à cheval à la suite de ses chiens, et personne n'ignore cependant combien sont dangereux les sables mouvants du fleuve, dans lesquels cavalier et cheval peuvent disparaître, mais il y a, paraît-il, un bon Dieu pour les piqueurs, car Charrier aurait dû périr cent fois pour une?

Feu M. le comte Benoist-d'Azy, gendre de M. Brière, m'a affirmé bien des fois que le nombre de loups détruits par son beau-père s'était élevé à 1185, et que la preuve positive du fait se trouvait à la préfecture de Nevers. C'est réellement prodigieux, en même temps qu'un immense service rendu au pays.

Ce qui explique ce succès extraordinaire, c'est qu'à cette époque on chassait le loup en grand nombre, car tous comprenaient la nécessité de détruire ces animaux malfaisants et dangereux. Parmi les anecdoctes que m'a racontées M. Benoist-d'Azy, il en est une fort curieuse, et digne d'être

rapportée : fin de l'année 1838 M. Brière avait pris ou détruit, dans la saison de chasse, 99 loups, chasseur et piqueurs faisaient journellement de suprêmes efforts pour
prendre le centième... Certain jour, dès l'aube, un grand
loup fut signalé dans les bois d'Anlezy, M. Brière en fut
aussitôt informé. Le piqueur, les chevaux, les chiens furent
mis immédiatement en route pour essayer de saisir le brigand par les oreilles et compléter la centaine. Mais il y a
dans l'espèce de ces fauves, paraît-il, des voyageurs doués
de beaucoup d'instinct et d'une grande vigueur. Aussi au
premier coup de gueule des chiens, le redoutable animal
débuchait sur la forêt de Vincence, traversait la Loire peu
après et se réfugiait dans les bois de Four, dans lesquels il
se fit rebattre jusqu'à la nuit. En arrêtant les chiens il fut
décidé qu'on rattaquerait l'animal le lendemain matin au
point du jour et qu'on le chasserait à mort. Le lendemain donc M. Brière accompagné de son vaillant piqueur frappait à la brisée de la veille, les chiens, bien qu'un
peu fatigués, reprennent la voie et après un rapproché
d'une grande heure environ relancent la maligne bête ; Charrier s'assure aussitôt du pied et après avoir reconnu que
c'était bien le même animal, sonne les bien-aller les plus
ronflants et la chasse marche avec un entrain et un ensemble admirable. Le loup était pour ainsi dire avec les chiens
qui le chassaient à vue le plus souvent ! après s'être fait
rebattre quelques minutes, il débuche sur les bois de
Montmort, près Ussy-l'Évêque, dans lesquels il se fit chasser
jusqu'à la nuit ; et, bien que les chevaux et les chiens fussent fatigués, il fut arrêté en les rampant qu'on le rattaquerait encore le lendemain matin au jour pour avoir plus de

chance de le prendre... Le lendemain donc chasseurs et
piqueurs partaient pour l'attaque du grand loup lancé deux
jours avant dans les bois d'Anlezy. Les chiens, les chevaux convenablement soignés paraissaient devoir résister
encore aux fatigues d'une nouvelle chasse !... Charrier,
dont la voix énergique entraînait ses rigoureux vendéens,
les excite en leur donnant la voie de la veille ! Tous partent criant comme des enragés et après trois quarts d'heure
d'un très-beau rapproché relancent le grand loup ! Charrier appui ses chiens de la trompe et de la voix, la chasse
marche bon train et si bien que l'animal pressé, harcelé, débuche sur les bois de Mont-Saint-Vincent en pleine Bourgogne ! Cette course pénible épuisa peu à peu les forces
des chiens et des chevaux ! Les uns et les autres n'allaient
plus qu'au pas et force fût aux chasseurs, à l'approche de la
nuit, de faire halte et rentrer au bourg le plus proche pour
faire reposer chevaux et chiens qui étaient exténués. Et
M. Brière ne se coucha qu'après s'être assuré qu'il n'existait point de chevaux, de chiens de loup dans les environs à acheter pour continuer sa chasse. Il partait le lendemain en poste pour rassurer sa famille. Quant à Charrier il avait trop la rage au cœur pour dormir, il passa
trois jours entiers à maugréer et à regretter de n'avoir pas
un second relais de chevaux et de chiens pour prendre
son centième loup la même année de chasse ?

Je ne parlerai pas davantage des chasses de M. Brière
ne l'ayant pas connu, les faits que je viens de citer sont
suffisants pour édifier le lecteur sur la valeur et l'intrépidité de ce chasseur émérite qui fut en même temps homme
de bien et homme du devoir.

Peu après la mort de M. Brière et le départ de Charrier, les loups recommencèrent leurs ravages de plus belle. On avait beaucoup de peine à s'en garer même le jour, lorsque M. le marquis du Bourg indiqua à ses fermiers le moyen de détruire par le poison ceux qui volaient les moutons confiés à la garde des bergers. Voici comment il s'y prit : Certain jour, prévenu qu'un loup de grande taille venait d'enlever la plus belle brebis du troupeau et qu'il l'avait emportée dans les bois de Prye attenant au domaine ; M. du Bourg ordonna aussitôt à son garde de suivre attentivement les traces du loup qui, avec son fardeau, ne pouvait être loin, afin de découvrir l'endroit où il a commencé à dévorer sa proie. Il lui donne ensuite l'ordre de saupoudrer les restes du festin de stricknine aussitôt qu'il les aura trouvés, mais sans y toucher, puis de se retirer sans bruit avec ses gens.

Le lendemain le garde alla voir si les restes de la brebis avaient été mangés. Quelle fut sa surprise en trouvant deux loups étendus raides morts à côté l'un de l'autre...

La chose fit grand bruit et fut racontée partout et de tous côtés : Aussi tous les propriétaires et fermiers s'empressèrent-ils d'user du même procédé qui leur a réussi à merveille, si bien que les habitants du Nivernais sont parvenus par ce moyen à détruire tous les loups du pays ; aussi n'en voit-on plus aujourd'hui que de passage. Au premier larcin ils sont stricknisés, car le loup revient toujours à l'endroit où il a laissé des débris de viande, à moins qu'il ne sente quelque danger.

Le moyen de faire périr ces brigands est donc bien simple, je le garantis infaillible.

Un· vieux piégeur de loups

Voici l'historique d'un vieux piégeur de loups et les moyens qu'il employait pour prendre ces animaux au piége ?

Il se nommait Guilthyot et habitait les prés Thévenot à Tronçais, (Allier) transformés aujourd'hui en un étang. L'État a fait cette acquisition en 1829 pour établir la prise d'eau appelée Pireau, dont je parlerai souvent dans le cours de cet ouvrage ; la maison du piégeur placée au milieu desdits prés n'a pas été détruite, mais noyée. On distingue parfois la cheminée lorsque le réservoir baisse, par suite des prises d'eau pour les besoins de la navigation.

A la suite de cette vente, le piégeur Guilthyot alla habiter une maison isolée à Bougimont, près de l'étang Pireau. Il passait son existence à tendre des engins à loups. Ses piéges étaient à palettes, de grande dimension, et très-forts. La forêt à cette époque était extrêmement sauvage, mal percée, peu fréquentée.

Guilthyot avait un appât merveilleux pour attirer les loups. Il marchait toujours et en tout temps les pieds nus enduits d'une pommade dont il se servait pour faire ses trainées de viande. Cette pommade se composait en grande partie de graisse de porc mêlée avec des harengs saurs pilés, du benjoin, assa-fœtida et galbanum. Aussi le père Guilthyot exhalait-il un parfum, non-seulement à attirer le loup, mais à le tuer du coup s'il se fût approché trop près de lui.

Il plaçait ses appâts dans les endroits les plus retirés, sur une élévation quelconque, près d'un cours d'eau ou d'un étang, soit un cuissot de cheval, enduit de son onguent empesté qu'il attachait à une branche d'arbre, à une certaine hauteur de manière à ce que le vent pût emporter et répandre au loin les émanations qui s'en échappaient. Il posait ensuite ses piéges autour, 6, 8, 10, suivant l'emplacement, frottés avec des genêts et parfaitement recouverts de feuillage et de menu bois.

Le loup très-défiant par nature et par instinct a pour habitude d'éventer en tous sens avant d'approcher de l'objet qui l'attire, afin de s'assurer qu'aucun danger ne le menace, et c'est en allant et en venant autour de l'appât qu'il mettait la ou les pattes sur la palette qu'il faisait jouer.

Les piéges n'étaient jamais attachés, leur poids était de 40 kilogs. Le loup pris ne pouvait les entraîner bien loin, il laissait toujours la trace de son passage et il était facile de le retrouver.

Le vieux piégeur avait de plus un chien fort intelligent dressé à suivre la piste des loups. Aussitôt qu'il y en avait un de pris et de disparu, Chicard prenait la voie en criant comme un possédé et allait se mettre aux abois pour indiquer à son maître où se trouvait le brigand.

Dire la quantité de loups que cet habile piégeur à pris est difficile, car il était peu communicatif, mais le nombre en avait considérablement diminué.

Tous les chasseurs se plaisaient à aller voir le père Güilthyot et à lui faire raconter ses prises de loups, dont le détail était parfois fort amusant à entendre, ainsi que ses histoires de pères loups et de grands-pères *loups garoux* ayant les dents de devant toutes usées et qui avaient dévoré, les uns tous les ânes du pays, les autres des moutons, des chèvres, des chiens, des poulains, des porcs, des oies etc.

Ainsi que ses promenades, avec des loups attachés et bâillonnés vivants sur une voiture et montrés dans les villages à la curiosité des habitants...

La satisfaction des uns en même temps que la colère des victimes de leurs dépradations, qui les suivaient armés de bâtons pour les taper et se venger des pertes qu'ils leur avaient fait subir.

Le père Guilthyot était infatigable, il avait toujours une quarantaine de piéges tendus : et lorsque les loups faisaient défaut il prenait les chevreuils, très-abondants alors.

Nous chassions un jour les sangliers et passions près de l'étang de Saloup avec MM. de Colasson et de Brugheat, lorsque le cheval d'un des chasseurs fit partir un de ces piéges dangereux. Très-mécontents, nous mîmes pied à terre et munis de longues branches d'arbres nous tapàmes à droite et à gauche et fîmes partir quatorze de ces engins, que le chasseur qui avait failli être pris au piége jeta dans l'étang.

Le vieux piégeur ne se découragea pas pour si peu et continua son métier avec le même succès qu'avant.

On l'avait surnommé le vieux *meneu de loups*. Il était très-amusant de l'entendre les soirs en forêt, imiter, en se servant d'un sabot, le hurlement du loup ! Et les fauves de lui répondre sur tous les tons et de tous côtés. Il m'a raconté que certain soir il les avait si bien *rappelés*, que les loups se réunirent près de lui en si grand nombre qu'il jugea prudent de grimper sur un arbre et d'y passer la nuit !

Le père Guilthyot est mort en 1838, on parle toujours de lui dans le pays comme d'un homme extrêmement hardi, robuste et adroit.

J'ai parlé de la manière d'empoisonner les loups et de les prendre au piége, je vais indiquer maintenant la manière de les chasser et de prendre les louveteaux au mois de septembre et d'octobre et les louvarts plus tard :

Le loup.

Les louves mettent bas ordinairement au mois d'avril. Le temps de la gestation est chez le chien de soixante à soixante-trois jours.

Le jeune loup porte le nom de louveteau jusqu'à six mois.

De six à vingt mois, de louvart, puis loup et grand loup.

Le loup et le vieux loup ont le pied gros, le talon large, dans l'empreinte du talon on distingue trois faussettes. Le pied de devant est beaucoup plus gros que celui de derrière, l'un et l'autre sont larges et serrés.

Le grand loup met le pied de derrière dans celui de devant en marchant.

S'il trotte, le pied de derrière dépasse celui de devant.

Le pied de la louve ressemble à celui du loup avec cette différence qu'il est plus étroit, plus long et plus nerveux.

Le louveteau a le pied de devant presque aussi long que rond ; il a les ongles pointus.

La différence du pied du loup avec celle du chien est que le premier est long, serré en pince et que le second écarte en pince et est rond, le talon étroit.

J'ai assisté à la prise de beaucoup de louveteaux et de louvarts.

Prendre des louveteaux n'est pas chose très-difficile, mais le moins commode est de les rembucher.

Voici le moyen employé par Louis Besson, valet de limier et piqueur émérite.

Lorsque des loups étaient signalés dans un canton, Louis Besson pour découvrir leur repaire et la portée, partait au milieu de la nuit dans les grands jours d'août et suivait, dès l'aube, les ruisseaux des bois près de clairières, là où il supposait que les petits loups pouvaient venir boire et jouer ensuite ! Lorsque son limier lui donnait connaissance de leurs foulées il en faisait suite tout doucement jusqu'à ce qu'il eût trouvé leur liteau. Il s'empressait alors de se retirer sans bruit pour ne pas inquiéter l'intéressante famille.

Les jours suivants, il revenait se poster dès l'aurore sur les bordures des bois, de prés, de clairières, là où il était certain que les louveteaux viendraient jouer ou prendre le soleil levant ! Une fois bien fixé sur leur position il ne s'en inquiétait plus, jusqu'à la veille du jour fixé pour les chasses.

4

Deux fois j'ai assisté à ce travail fort ingénieux, car il né-
cessite une grande prudence pour ne pas effrayer la louve
qui, si elle était mise en éveil, emmènerait ses petits fort
loin.

Un jour, c'était dans les bois de Paumay, près Moulins,
postés tous les deux au petit jour à la tête d'un pré, nous
vîmes apparaître, entrer et sortir du bois sept petits loups
pendant une partie de la matinée. L'équipage de M. des
Roys arriva à cinq heures du matin par une belle journée
du mois de septembre, avec à peu près tous les sociétaires
du Rallie-bourbonnais.

Louis Besson fit son rapport déclarant au maître d'équipage qu'il avait rembuché les louvarts et qu'il avait l'espoir
fondé que ses fox-hounds les attaqueraient et les chasseraient
très-bien.

Peu d'instants après, il donnait les louveteaux à peu près
à vue aux chiens d'attaque, le relais placé près de là fut
haché promptement ; quatre petits loups furent pris les uns
après les autres et étranglés ; il était était alors dix heures.
Le maître d'équipage jugea prudent, vu la chaleur, de laisser souffler les chiens et de permettre aux hommes de
chasse et aux chasseurs de déjeuner.

La chose faite dans les conditions les plus gaies, le piqueur Louis fut appelé et sur son affirmation qu'il existait
encore trois louvarts, il fut décidé qu'on les attaquerait à
quatre heures du soir. Pendant ce temps-là, les plus jeunes
jouèrent au bouchon... Les plus sérieux causèrent d'histoires hippiques et cynégétiques fort intéressantes et l'heure,
fixée pour l'attaque des trois marmousets restant, arriva rapidement.

Les fox-hounds les plus ardents furent remis sur la voie des foulées, les louvarts lancés les uns après les autres subirent le sort de leurs frères et sœurs. Le succès de cette charmante chasse fut donc complet.

A cette chasse assistaient.

MM. Le Cte des Roys, maître d'équipage,

     Le Cte de B. Chalus,

     Le Vte de Lauvencourt,

     Paul de la Jolivette,

     Auguste de la Jolivette,

MM. Cordes frères, et à peu près tous les officiers du 8me hussard.

L'équipage de M. le Cte A. des Roys était composé de 70 fox-hounds importés d'Angleterre.

— Je dirai à ce propos que si M. le duc de Beaufort, preux gentilhomme anglais, avait usé des mêmes moyens pour mettre ses chiens dans la voie du loup avant de les amener en Poitou, il n'aurait pas éprouvé l'échec qualifié à tort d'humiliant.

Si jamais ce brave sportsman anglais veut prendre sa revanche, je m'engage à lui procurer un succès éclatant et de faire chasser les loups de France à ses fox-hounds, *de pure race*, car je connais les qualités de cette race de chiens et sais parfaitement ce qu'on peut en obtenir et ce qu'elle est susceptible de faire. Je pose pour condition qu'on mettra ces soixante ou soixante-dix fox-hounds, âgés de 15 à 20 mois, n'ayant jamais chassé, à ma disposition au mois d'août, de septembre, et d'octobre, pour que je puisse les exercer, et je me fais fort de leur faire chasser le loup en Poitou, là où ils ont refusé et caponné !...

Le fait qui s'est produit devait infailliblement arriver ? Il tient à ce que M. de Beaufort n'a jamais eu occasion de chasser le loup en Angleterre ! il n'y a ni de la faute des chiens ni de celle du maître d'équipage, mais un défaut d'expérience facile à comprendre, et en admettant qu'il y ait faute aux yeux de quelques-uns, il y a devoir de la réparer alors qu'il est si facile de le faire. Je le répète donc : je prends l'engagement sur ma tête de faire chasser le loup en Poitou à M. le duc de Beaufort par ses fox-hounds, (exempts de sang de harier.)

Le loup est un animal dont l'odeur répugne aux chiens, et il en est peu qui osent ou qui veuillent l'attaquer de prime abord : Il faut donc les préparer et savoir les entraîner. La science de la vénerie ne s'acquiert pas en un jour, de même que la connaissance du chien, de son caractère, de ses instincts et de la manière de le diriger. Il suffit souvent d'un *seul* chien pour entraîner une meute entière à suivre une voie de loup, de même que le refus des deux ou trois premiers chiens que l'on met dessus suffit pour dégoûter les autres de chasser. J'ai vu ces faits se produire nombreuses fois, il n'est donc pas étonnant que des chiens accoutumés à chasser le renard aient renaclé sur des voies de loup qu'ils n'avaient jamais chassé, s'il y avait, surtout, dans les fox-hounds du sang de harier, car ce dernier est un chien craintif, capricieux qui ne convient nullement pour chasser cette voie repoussante. La chasse du loup est du reste une des plus difficiles et des plus ingrates ; de même que pour le rembucher sans artifice, il faut être très-habile.

Il est un fait à constater, c'est que les louves ne font jamais leurs petits près l'une de l'autre, car elles comprennent très-bien, paraît-il, qu'il faut aux unes et aux autres un certain rayon pour pourvoir à leurs besoins et nourrir leur famille toujours affamée.

Chasse au loup dans les forêts de Moulins (Allier.)

Avant la fondation, en 1850, de la société Rallie-Bourbonnais, dont je parlerai au chapitre suivant, M. le comte de B. C. prenait grand plaisir à chasser les loups. Il avait deux chiens hors ligne, Flambeau et Ramoneau qui ne voulaient pas chasser d'autres bêtes. Sa meute se composait de quarante chiens français conduits par le piqueux Renaud qui jouissait d'une réputation méritée, comme homme de chasse et passionné au point qu'il a quitté son maître par le motif qu'il ne chassait pas assez souvent.

Renaud se donnait beaucoup de peine pour faire le bois et rembucher les loups, ces chiens le chassaient parfaitement, aussi était-il rare qu'un louvart lui échappât.

J'ai vu et été témoin en février 1851 d'un engagement contracté par le maître d'équipage qu'il prendrait, avec sa meute, un louvart vivant et qu'il le mènerait muselé au cercle de Moulins et qu'il lui ferait boire un verre de bierre.

Le louvart en février est âgé de dix à onze mois, il a assez de force et de ruse pour se défendre.

Le pari d'un splendide souper fut gagné par le grand veneur, ce qui amusa beaucoup les sociétaires et membres du cercle.

La ruse de Renaud pour rembucher les loups consistait à abattre un vieux cheval au milieu des bois et de l'abandonner ensuite aux carnassiers. Il allait ensuite chaque matin au petit jour, voir si les loups étaient venus au carnage, si oui, il expédiait immédiatement un exprès à Moulins prévenir son maître qui s'empressait d'arriver avec l'équipage.

La chasse alors était des plus gaies et des plus animées et bien que le loup vomit facilement et ait la ruse d'enfoncer sa patte dans le gosier pour provoquer les vomissements, ces efforts ne laissaient pas que de le fatiguer et le gêner, aussi ralentissait-il sa vitesse : on le voyait souvent au milieu des chiens, montrant à chaque instant ses longs crochets à ceux qui voulaient essayer de le mordre ? ce coup d'œil était très-curieux.

Un matin, j'ai voulu accompagner le piqueux dans la forêt de Moladier : il était à peine jour : je fus étonné d'apercevoir un loup qui rentrait au fourré à reculons : dans le but évident de dépister le limier et la meute.

Renaud m'a affirmé avoir vu ce fait se produire d'autres fois, ce qui dénote chez cet animal beaucoup de ruse et d'instinct. L'audace du loup n'a souvent pas de bornes. parfois de chassé, il devient chasseur de chiens et s'il réussit dans ses premières tentatives à en prendre et manger quelques-uns, il fait par la suite la désolation des petits chasseurs. témoin le fait suivant : En 1872 une louve de grande taille avait élu domicile dans les cantons de Saint-Saulge et de Saint-Benin-des-Bois. Elle s'était adonnée à chasser les chiens en plein jour alors que ceux-ci étaient eux-mêmes à la poursuite de lièvre ou de chevreuil : malheur à eux lorsqu'ils passaient au fourré, la maligne bête les saisissait et les emportait malgré les cris et les coups de fusil de leur maitre qui souvent se trouvait à côté et avait entendu le cri de détresse poussé par leur auxiliaire au moment de la prise. Dans ces cas-là, elle leur broyait le crâne d'un seul coup de mâchoire... Dans l'espace d'une année, cette terrible bête a pris ou dévoré plus de soixante chiens. Elle fut tuée un jour de neige par un braconnier de Saint-Benin-des-Bois au grand contentement de tous les chasseurs qui, à dater de ce moment-là, ne perdirent plus de chiens.

Dans les déplacements que les chasseurs du Bourbonnais faisaient à Meillant, il y avait parfois jusqu'à deux cents et même trois cents chiens au chenil. Les loups venaient rôder la nuit autour pour manger les débris de carcasses de chevaux et autres qui avaient servi à faire la soupe, et ils venaient quelques fois jusqu'à la porte du chenil lever la patte !...

Ces fauves diminuent tous les jours, je considère le fait comme un bonheur sous tous les rapports pour l'agriculture et pour le chasseur lui-même, car le loup détruit une grande quantité de gibier, de chevreuils principalement.

A l'époque des neiges, ils se réunissent plusieurs pour faire la chasse à ce charmant animal, ils le poursuivent avec acharnement et lorsqu'ils parviennent à le sortir du bois, il est perdu. J'en ai vu la preuve en Bourbonnais. Un garde avait rencontré et suivi leur piste, le malheureux chevreuil fut pris et dévoré près d'une ferme, les chiens du domaine avaient aboyé une partie de la nuit, mais n'avaient par osé, paraît-il, livrer bataille aux trois brigands qui mangeaient à leur

nez le pauvre cabry... Je ne parlerai pas plus longuement
de tous les ravages causés par ces animaux malfaisants et
redoutables, tout le monde connaît leurs mauvais instincts.

Je crois avoir suffisamment développé les conditions et
moyens de chasser les loups pour ceux qui aiment cette
chasse, de même la manière de les détruire par le piége et
le poison pour les propriétaires et fermiers qui ont des bêtes
à conserver.

Je termine ce chapitre en observant au lecteur que s'il
est des loups à quatre pattes très-redoutables, il en est à
deux pattes qui ne le sont guère moins?...et qui pour satisfaire leurs appétits grossiers se déclarent chasseurs!... et
font en bande organisée une guerre impitoyable au gibier...
qui se mange... non seulement, ils tirent sur tout ce qui se
présente, mais ils tirent encore sans voir, *au jugé*, au moindre bruit qu'ils entendent au fourré!... que ce soit homme
ou bête, peu leur importe quand il s'agit de satisfaire leur
insatiable avidité!... Pour ces écumeurs de bois sans honte
et sans vergogne, la sévérité la plus grande et l'application
des lois dans toute leur rigueur!...

Une chasse au loup dans l'Indre en 1880.

Depuis quelque temps déjà, deux loups de la plus grande
taille jetaient l'effroi dans les campagnes du canton de
Sainte-Sévère, et leur pelage singulier ne contribuait pas
peu à stupéfier les bergers et les cultivateurs.

L'un, complétement noir, surnommé Joséphine, et l'autre son compère, presque blanc, travaillaient ensemble avec une entente parfaite et une ardeur infatigable à satisfaire leur insatiable appétit et à pourvoir en même temps aux besoins de leur famille. Ils avaient élu domicile dans la forêt de Bougozot, commune d'Urcier (Indre.)

Il ne se passait pas de jour où l'on n'eût à constater des méfaits d'une audace inouïe.

Une semaine ils attaquèrent et détruisirent entièrement un troupeau de dix-huit moutons, appartenant à M. Vijeon des Chaumes. Le lendemain, ils emportaient deux brebis au colon Payot.

Leurs petits, très-précoces à la rapine, paraît-il, à l'exemple de la maman, décimaient de leur côté, avec non moins d'habileté et de hardiesse, les oies de celui-ci, les dindons de celui-là, et en faisaient une prodigieuse consommation.

Les victimes de ces déprédations, ayant appris que le lieutenant de louveterie du canton de Saint-Amand (Cher) avait un excellent équipage de loup, et connaissant parfaitement sa bonté et son obligeance légendaires, le prièrent de venir les débarrasser de ces hôtes dangereux.

M. de Loüan de Coursays et son fils, sportsmans distingués, s'empressèrent d'envoyer aussitôt leur piqueux Antoine en reconnaissance de la demeure des loûvarts, avec ordre, dans le cas où il trouverait leur liteau, de prévenir les notabilités de la contrée de l'arrivée de ses maîtres pour le lendemain.

Propriétaires et chasseurs s'empressèrent de répondre à l'appel du sympathique louvetier et, le lendemain, 18 octobre, on pouvait compter au rendez-vous plus de cent personnes au nombre desquelles figuraient MM. le vicomte de Monsabré, de Bonneau, Massin, Délétang, Desages, maire d'Urcier, Desage notaire, Duchier.

De nombreux cavaliers escortaient le brillant équipage du grand veneur, composé de quarante magnifiques bâtards de Vendée à l'air rébarbatif.

Le piqueux arrive au rapport.

Le silence se fait, le moment est solennel, Antoine est jeune et vigoureux, de grands yeux noirs animent sa physionomie très-expressive.

— Messieurs, dit-il, j'ai fait le bois avec la plus grande attention, j'ai bien connaissance des foulées, qui m'ont paru être de la nuit, mais je n'en suis pas très-sûr, car les louvarts sont forts et très-rusés. Ils marchent sur la pelouse. je n'ai pu en reconnaître par le pied, mais mon chien s'en est rabattu, le poil hérissé, et j'ai lieu de penser que si ce n'est pas la voie du grand loup, c'est au moins celle de l'un des siens. Je le crois au carrefour de l'allée des Belles !

— C'est très-bien, déjeunez promptement et préparez-vous pour l'attaque !

En m'approchant d'Antoine et en examinant bien ses yeux, j'ai cru lire qu'il avait passé la nuit au bois pour mieux s'assurer de la demeure des loups.

Antoine ne se fait pas attendre, le voici à cheval, et en route pour aller retrouver sa brisée.

La brillante jeunesse le suit à cheval. *Morico*, le limier, est mis sur les foulées présumées des louvarts. Il se déchausse aussitôt, goûte la voie et se met à rire en sentant la branche.

— Eh bien ! camarade, lui crie Antoine, sont-ils prêts,
sont-ils loin. Dis-moi ça. C'est le moment !

Un coup de gueule des plus sonores est la réponse. Un
second le suit de près et au bout de quelques instants, ses
coups de voix animées et répétées annoncent le lancé, mais
tout à coup la menée est interrompue.

Que se passe-t-il ?

Le courageux limier, saisi d'effroi sans doute, en voyant
la grimace et les dents du loup, s'est arrêté coi...

Un bien-aller, des plus sonores, qui est le signal du découpler, se fait entendre.

En peu d'instants, les hardes de meute sont lâchées, les
chiens volent au son de la trompe.

Morico reprend sa voie, tous se rallient à lui et aussitôt
commence une musique comme je n'en ai entendu de plus
belle depuis près de quarante ans que je chasse.

C'est un carillon infernal, un roulement sans relâche
pendant trois quarts d'heure, appuyé par les trompes des
chasseurs.

L'animal est au nez des chiens. Un coup de feu retentit,
bien inutile en la circonstance, car quoique vigoureux, le
louvart est essouflé. Blessé ou non, il est pris et étranglé
par la meute en fureur, qui n'en aurait laissé trace, si le piqueux n'eût tenu à honneur de le montrer en entier aux
nombreux chasseurs, et aussi peut-être à M. le maire pour
qu'il puisse certifier la prise.

Tout le monde accourt au son de la trompe, annonçant
l'hallali. Mais ô surprise ! est-ce une bizarrerie de la nature !
est-ce un chien-loup ?

Personne de nous, même les gardes les plus anciens, ne peut expliquer ce phénomène.

Le louvart est gris cendré et porte une livrée d'un noir d'ébène... Le fait constaté et les réflexions faites, le vieux refrain de la chanson :

Allons, chasseurs, vite en campagne,
Du cor n'entends-tu pas le son ?
Ton ton, tontaine, ton ton !

se fait entendre.

A la voie, à la voie, mes beaux ! Harloup, mes amis !

Et tous repartent à l'attaque dans l'enceinte des foulées.

— Harloup, Morico ! Harloup !

Presque instantanément, le lancé à vue se fait entendre, le branle-bas recommence plus acharné et plus bruyant encore. A l'entendre, on croirait que tous les démons de l'enfer sont déchaînés, et, pendant près d'une heure, c'est un roulement de voix et de fanfares des plus animés.

Un coup de fusil vient interrompre le cours de cette charmante chasse.

Mais il était difficile de dire aux fermiers et aux propriétaires : « Ne tirez pas sur ces brigands qui dévorent et détruisent vos troupeaux. »

Tous les chasseurs arrivent au son des trompes, sonnant l'hallali.

Mais, ô surprise nouvelle ! ce n'est plus un louvart gris zébré, mais un louvart noir comme une taupe, ayant les oreilles démesurément longues. les crochets très-aigüs.

Il ressemble plus encore au chien-loup du jardin des plantes.

C'est un phénomème d'un autre genre.

— Allons, mon brave Antoine, la chandelle brûle. Si nous voulons avoir la peau du troisième, il faut nous dépêcher.

Aussitôt l'équipage et les cavaliers reprennent le chemin des foulées.

Les requètes se font entendre de nouveau ; et, après quelques instants de quête, le numéro 3 est lancé.

Les chiens échauffés le *brûlent de gueule*, et le même carillon recommence plus bruyant que jamais.

La gaieté et l'étonnement se voient sur tous les visages.

La chasse tourne et retourne dans les mêmes fourrés.

Des lignes de tireurs barrent le passage à l'animal, qui se fait battre et rebattre dans les mêmes contours.

Le tapage est infernal et jamais loup n'a entendu le pareil.

Lancé et relancé plusieurs fois, il est pris par les chiens, qui l'étranglent et lui broient les os.

L'hallali est sonné et tous les chasseurs réunis peuvent constater que le louvart est bien le loup ordinaire, couleur fauve, ayant le bout des poils noir, ressemblant exactement aux trois pris la semaine précédente, par le même équipage, dans la forêt d'Abert (Cher) et autres.

Bien des fois j'avais entendu parler de loups qui avaient sailli des chiennes, mais jamais de chiens ayant sailli des louves. Cependant le fait était incontestable ; parmi les trois louvarts pris, il y a deux chiens-loups, de pères différents !

La retraite est sonnée. L'équipage reprend la route de Châteaumeillant, petite ville du Cher, où tous les veneurs et chasseurs reçoivent le plus charmant accueil.

Inutile de dire que la soirée a été joyeuse et animée.

Un amateur de châtaignes.

Un sanglier à son tiers an, très-friand de châtaignes, paraît-il, avait élu domicile depuis quelque temps déjà dans les bois du Pelay, situés sur les limites de l'Allier et du Cher.

Le 6 novembre 1880, les équipages réunis de MM. de Loüan de Coursays, de Lamaugarny, Vilatte des Prugnes, Bizet, s'étaient rendus sur les lieux fréquentés par la bête noire, où les attendait, au milieu de ses chiens et s'exerçant sur la trompe pour tuer le temps, le jeune et bouillant X..., qui, dans son impatience de débutant, avait devancé l'heure du rendez-vous.

Le bois, fait le matin par le piqueux malgré la pluie et le mauvais temps, permit d'attaquer l'animal dans les conditions les plus favorables et de donner le relais en tête de chasse.

Les bois du Pelay, divisés en trois parties, d'une cinquantaine d'hectares environ, sont séparés par des terres cultivées et d'autres en chaume, de 7 à 800 mètres d'étendue. Les animaux chassés ont pour habitude, avant de débucher, de se faire battre et rebattre, et d'aller d'un bois à un autre : ce qui permet aux chasseurs et spectateurs de voir passer et repasser la chasse, coup d'œil très-joli et très-amusant.

Dans la traversée des champs, les chiens de tête, favorisés par le hasard dans les retours de l'animal, le prennent à vue à plusieurs reprises et le poussent avec une vigueur sans égale, qui l'oblige à prendre un parti et à débucher en plaine. Mal lui en a pris, car n'ayant point d'avance et s'enfonçant dans les terres mouillées, ses forces s'épuisent rapidement et, après quarante-cinq minutes d'une course effrénée, les chiens anglais le gagnent de vitesse et l'arrêtent au faîte d'une montagne, sur des roches escarpées. La meute tout entière se réunit, et le plus charmant des spectacles s'offre aux yeux des chasseurs placés sur le sommet d'une autre montagne faisant face. Les abois sont des plus acharnés et des plus bruyants. Le sanglier sentant, sans doute, la doublure de ses soies un peu trop vivement endommagée, se précipite du haut des roches presque à pic, roule jusqu'en bas ; avec lui se précipitent quatre-vingts chiens, on dirait une avalanche de démons déchaînés contre lui ! Tout cela tombe pêle-mêle dans le lit d'un ruisseau formant torrent, sous les murs du vieux castel de Laroche, qui semble avoir été choisi pour embellir ce tableau sauvage et émouvant.

Le ragot se défend avec courage ; mais, accablé par le nombre, il est renversé et dévoré vif en partie, au son de huit trompes qui sonnent son *De profondis*.

IV

RALLIE-BOURBONNAIS

Etudes sur les chiens Anglais. — Chasses en Bourbonnais.

En l'an 1854, les forêts domaniales du Bourbonnais étaient à peu près dépeuplées de grand gibier, la destruction des fauves et bêtes noires était attribuée généralement au trop grand nombre de meutes et de chasseurs à tir.

Les bois et forêts des grands propriétaires, qui ne permettaient la chasse qu'exceptionnellement à quelques amis privilégiés, étaient au contraire bien peuplés en sangliers et chevreuils.

Plusieurs veneurs de distinction, à Moulins, formèrent une société, qui prit le nom de Rallie-Bourbonnais.

Elle se composait des notabilités du pays et de l'élite de la jeunesse Bourbonnaise, tous animés du même esprit et des mêmes goûts hippiques et cynégétiques.

Un comité de cinq membres fut institué sous la présidence de feu M. le Cte de Bourbon-Chalus et vice-présidence de M. le Cte A des Roys.

Les sociétaires étaient :

MM. Cte de Bourbon-Chalus,

Cte de Bourbon-Busset,

Cte Amable des Roys,

Mis de Beaucaire,

Mis de Chavagnac,

Cte de Chavagnac,

B. de la Brousse,

Cte Boutry,

de Pringy Ludovic,

de Pringy Léopold,

Mis de Bonnay,

Cte de Bonnay,

de Saint-Léger,

de Laboutéresse,

de la Jolivette,

B. de Bressolles,

Legros,

Gardien,

Dury,

Cordes,

des Marans

de Chavigny,

Bordet,

Léon Collas,

Eugène Collas,

Des statuts furent dressés pour l'amodiation de toutes les forêts de l'état des arrondissements de Moulins et de Montluçon et pour le repeuplement du gibier.

Il fut convenu que chacun renoncerait à chasser isolément les sangliers et que tous se réuniraient aux chasses à courre, dirigées, chaque semaine, par M. le Cte Amable des Roys.

Cette convention offrait le double avantage de provoquer l'union et la réunion de chasseurs distingués, de resserrer leur intimité et de ménager à tous les plaisirs de la chasse.

En effet, la chasse d'une même bête récréait tous les chasseurs, différemment il eût fallu autant de sangliers que de meutes.

Le costume des sociétaires était : Tunique bleue de roy avec collet et parement soie noire, bouton argent, portant une couronne avec l'inscription en lettres dorées de *Rallie-Bourbonnais*, au milieu une hure de sanglier or, gilet velours soie grenat avec les mêmes boutons, mais de plus petit modèle, culotte velours bleue, bottes fortes, ceinturon or et argent portant couteau de chasse et fouet, pardessus en drap bleu avec capuchon, cravate blanche, toque de velours noir.

Cette tenue fort élégante avait été choisie et décidée de rigueur dans le but de pouvoir permettre aux fermiers des chasses de répondre aux nombreuses invitations des châtelains des environs de Moulins, si hospitaliers par nature et par tradition de vieille chevalerie française, qui se faisaient généralement un grand plaisir, les jours de chasse, d'inviter, accueillir et recevoir la société Rallie-Bourbonnais. Je puis affirmer que rien n'était charmant comme ces fêtes où régnait la plus parfaite courtoisie et la joie la plus franche.

Les longues retraites de nuit avaient également leurs charmes à travers ces forêts si sombres et si silencieuses dans lesquelles le son des trompes se répercutait à l'infini en rendant les vibrations plus sonores. On marchait gaîment et l'on arrivait au logis sous l'impression des émotions agréables de la journée.

Que ces beaux jours sont loin, hélas....... Que de tristes événements et d'éternels adieux nous ont séparés depuis de bons et braves camarades ! à ces souvenirs, mon âme s'assombrit, la tristesse l'envahit, en même temps qu'un sentiment respectueux et tendre pour la mémoire des nobles amis appelés avant l'heure !...

J'ai dit que des statuts avaient été dressés pour l'amodiation des arrondissements de Moulins et de Montluçon et leur repeuplement, mais mon but étant de rendre mon travail instructif pour la jeunesse inexpérimentée et lui éviter peut-être des écoles regrettables et onéreuses, je vais faire une petite digression pour lui faire remarquer les clauses imprudentes et compromettantes, (légalement parlant) qui furent insérées dans lesdits statuts, entre autres celle-ci : « Les fermiers et co-fermiers s'engagent à *ménager les laies et à ne chasser que les mâles*, etc. »

Cette clause a occasionné à la société des chasses, dans le cours du bail, un très-gros procès qui a été porté devant toutes les juridictions, jusqu'en cours de cassation et a coûté dix mille francs à la société Rallie-Bourbonnais et trois mille francs au demandeur, M. Henry[1].

Revenons maintenant aux chasses des grands maîtres veneurs et aux chiens anglais.

Notons en passant que le Bourbonnais est un pays de plaines, de forêts et de bois épars qui rendent la chasse

---

[1] Voir le chapitre fin de l'ouvrage sur la Jurisprudence.

très-agréable et propice au succès, par les débuchés qui se produisent successivement.

Feu M. le Cte A. des Roys et M. le président firent venir d'un commun accord soixante-dix chiens d'Angleterre, des fox-hounds !

M. des Roys ayant chassé le cerf à Chantilly, avec des chiens de pur sang, avait rapporté de nombreux trophées, bois de cerf avec le massacre portant une inscription indiquant la forêt, le lieu de l'attaque, la prise de l'animal et le laisser-courre du piqueux qui en avait donné le pied. Ces bois de cerfs étaient très-coquettement rangés par étage dans la salle à manger du château d'Avrilly et offraient un coup d'œil aussi agréable que curieux.

Le grand maître veneur racontait alors les qualités exceptionnelles des chiens anglais, des prises de cerfs en 30, 40, 50 minutes etc. Ces récits paraissaient extraordinaires, à la plupart et fabuleux à d'autres, mais par déférence et bonne amitié pour notre excellent ami, aucun de nous ne faisait la moindre réflexion.

La chasse des arrondissements de Moulins et de Montluçon fut donc affermée et les soixante-dix chiens installés au chenil d'Avrilly.

La réunion journalière des chasseurs et veneurs était un cercle littéraire, fort bien composé et ordinairement fort animé, c'était là que les actionnaires des chasses et les officiers du régiment du 8me hussard venaient prendre le mot d'ordre. Tous désiraient ardemment voir les chiens anglais courre un grand sanglier, chasse qui n'avait pas encore eu lieu dans le pays à cette époque, 1854.

Après plusieurs semaines d'attente pendant lesquelles les

chiens avaient été exercés par les soins du piqueux, qui leur avait fait chasser, par groupes, quelques sangliers, M. le C^le A. des Roys fit savoir, à tous les fermiers des forêts, qu'on chasserait un solitaire dans les bois de Montbeugny et que le rendez-vous serait à la ferme des Loges-Barreaux.

C'était par une belle journée de novembre. Il était à peine dix heures, que déjà plus de quarante cavaliers étaient au rendez-vous, parmi eux figuraient le général de Montfort, plusieurs officiers et toute la brillante jeunesse de Moulins.

Tous brûlaient d'impatience de voir arriver le piqueux, Louis Besson, renommé pour sa valeur, son amour de la chasse, son habileté et son savoir exceptionnel. Il était parfaitement secondé par le second piqueux Jouackim, et par deux valets de chiens qui avaient couru le cerf à Chantilly. On savait par avance que le rapport serait intéressant et la chasse très-animée. Aussi, à mesure que les minutes s'écoulaient, l'anxiété se manifestait de plus en plus. Dix heures et demie, onze heures arrivent et point de nouvelles du valet de limier.

Les chasseurs accoutumés à chasser de bonne heure perdaient espoir.

Les maîtres, sérieux jusqu'alors, paraissaient au contraire gais et agaçants sachant bien que si le valet de limier n'était pas arrivé, c'est qu'il travaillait la voie de son animal et qu'il tenait à le donner court.

Midi sonne..... rien encore? Enfin on apperçoit la toque du piqueux : c'est bien lui qui arrive d'un pas accéléré. Tous les yeux se portent sur lui ?... Il s'avance la tête haute,

tenant son vaillant chien Lucifer en main, et, plein d'émotion, s'exprime ainsi, en s'adressant aux chefs d'équipage :
« Messieurs, le sanglier que je travaille depuis trois jours qui
était cantonné dans les bois Morcaux se trouve aujourd'hui
dans les bois de Chapeaux. Je crois l'avoir rembuché
court ?... mon chien l'évente, tire très-fort sur le trait, ce
qui me fait supposer qu'il est près de ma dernière brisée ! »

Vous avez sans doute fait le tour de l'enceinte pour vous
assurer qu'il n'est pas sorti ?

« J'ai fait deux fois ce travail, je n'ai pas trouvé ses traces, mon chien ne me les donne pas non plus. D'après son
pied, c'est un grand vieux sanglier que je crois dangereux, j'ai vu les marques profondes de ses défenses partout où il a passé, il les a aiguisées contre plusieurs arbres,
dont il a enlevé l'écorce en partie. Si ces messieurs le ju-
geaient à propos on irait harder les chiens près de l'étang
Petit ; les chasseurs se placeraient dans la fausse ligne qui
se trouve dans l'enceinte de manière à lui barrer le passage
par leurs cris au moment de l'attaque et le forcer à se
diriger du côté du relais. »

C'est très-bien ; hâtez-vous de déjeuner et faites partir les
hommes pour harder les chiens. Recommandez-leur bien
de ne les lâcher qu'au moment où ils entendront sonner
les bien-aller et de découpler *cerf-volant* le premier. Gar-
dez douze chiens pour l'attaque parce que je suppose qu'il
y aura une vigoureuse résistance et qu'il faut plus d'assaillants que d'habitude ; renvoyez le limier Lucifer par le
garde à Montbeugny.

Ces préparatifs terminés, on part pour l'attaque. Arrivé

à la brisée, le chef d'équipage examine le pied, reconnaît exact le rapport du piqueux et prie les chasseurs de s'écarter dans la ligne, de crier et faire le plus de bruit possible au moment de l'attaque pour effrayer l'animal et le pousser sur le relais.

Désireux de me rendre compte par moi-même de la taille de l'animal et de faire l'étude du pied, je descends de cheval et je reconnais à la corne usée, à la largeur du talon, à la grosseur des gardes et à la distance de ses allures espacées et longs jointées qu'en effet c'était un grand vieux sanglier qui devait fournir une belle chasse.

Un chien est mis sur la voie, il lève le nez et disparaît sans crier?... Un second est lâché, même silence? un troisième... enfin les douze sont découplés, et pas un coup de voix. . . . .

Accoutumés aux chiens criant bien, nous nous regardons étonnés, nous questionnant des yeux.

Le piqueux, comprenant à notre attitude l'impression produite par le silence étrange de ses fox-hounds, dit à son maître : « Monsieur le Comte, les chiens sentent parfaitement l'animal et s'ils sont froids au découplé c'est qu'ils comprennent qu'ils ont affaire à un ennemi redoutable, mais ils vont bien l'attaquer. Je vais mettre pied à terre et les conduire à la bauge, qui j'en suis sûr, n'est pas à plus de cinquante mètres. »

Cette réflexion me fit comprendre que si les fox-hounds n'étaient ni brillants ni entreprenants à l'attaque, le valet de limier en revanche était aussi savant qu'habile.

Louis s'avance donc sans bruit en suivant les traces de l'animal et en excitant ses chiens.

Tout à coup la voix de *Morico* se fait entendre !... il est bien aux abois... nous avançons pour soutenir le brave chien. Les autres rallient et aboient l'animal qui fait ferme, comme tous les sangliers accoutumés à renvoyer les chiens en petit nombre et à rester maîtres de la position. Nous entendons les cris déchirants d'un chien, je l'aperçois la cuisse en l'air, l'artère est coupée, c'est un chien perdu. Un autre arrive blessé au cou, perdant tout son sang, perdu également. Le piqueux soutient ses chiens de la voix, sonne, tire un coup de carabine en l'air pour effrayer l'animal, les chasseurs poussent des cris de toute la force de leurs poumons en avançant dans la direction des chiens. C'est un bruit assourdissant. Le sanglier fond sur un chien devant nous, le tue raide et se sauve dans la direction du relais...

Le piqueux sonne les bien-aller ; le relais est donné, en face d'une ligne qui se trouve juste du côté de la chasse, circonstance des plus favorables qui permet aux chiens de rallier très-promptement et à quelques-uns de prendre le sanglier à vue au passage.

L'animal, effrayé par le bruit des trompes et des chasseurs et par le grand nombre de chiens, débuche dans les plaines de Neully-le-Réal, quarante cavaliers suivent le sanglier, les chiens, les chevaux semblent ne pas toucher terre. Après une heure de chasse enragée, un des hommes de M. des Roys, habile écuyer, prend les devants de la chasse en sonnant de la trompe et en criant dans le but évident de faire prendre au solitaire une autre direction.

Par ses manœuvres il réussit à effrayer l'animal, qui oblique à gauche, traverse les bois de Saint-Voir, de Jaligny et rentre dans la forêt de Laide, forêt admirablement percée d'allées de chasse, par les soins du propriétaire, M. le comte de Baral, veneur des plus distingués. Le sanglier se fait rebattre un instant, ce qui lui permet de prendre haleine, mais le plus grand nombre des fox-hounds, craignant les fourrés, se débandent, les chiens de tête restent seuls sur la voie, leurs cris perçants guident les autres, qui se dispersent en tous sens dans les lignes soit pour prendre les devants de la chasse, soit pour attendre l'animal au passage, fait qui se produit à chaque instant.

Cette ruse est instinctive chez beaucoup de chiens anglais. Elle a pour effet de décider souvent la prise de la bête, mais elle est contraire aux principes de chasse, et doit être considérée comme un très-grand défaut, parce qu'elle peut occasionner des changes, surtout lorsqu'il y a beaucoup d'animaux sur pied. En second lieu, cela brise et dégoûte les bons et vaillants chiens de tête. On dit d'un chien qui quitte la voie de la bête de chasse pour couper les devants aux autres chiens, qu'il *barre*. Les chiens ardents et ambitieux qui ont l'habitude de mener la tête prennent souvent ce défaut en devenant vieux et en perdant leurs forces.

Dans ces circonstances, le veneur devra donc veiller attentivement au change et suivre d'un œil et d'une oreille attentive, la voix des chiens de tête qui devra être gravée dans la mémoire du veneur pour le guider dans les laisser-courre et dans les cas difficiles qui peuvent surgir inopinément.

Revenons à notre chasse : l'animal pressé et pris de frayeur repart à toutes jambes, mais ses efforts incessants, sur un terrain mouvant, ont épuisé ses forces, sa vitesse se ralentit, celle des fox-hounds augmente. Il veut faire tête, malheur à lui ! Le gros de la meute arrive et l'entoure !... l'hallali courant commence, les cris perçants des chiens en fureur attirent les retardataires, tous se trouvent réunis comme par enchantement. Le bruit infernal des abois redouble, le sanglier est entouré de tous côtés par les soixante-dix fox-hounds, il est au ferme dans un perché de vingt-cinq ans dans lequel on l'aperçoit se défendant bravement ; il fait voler, sauter les chiens en l'air qui s'approchent de trop près et s'accule dans un trou d'eau et de boue pour préserver ses suites, sans doute. Il baisse la tête par intervalles et se jette avec une impétuosité et une furie effrayantes sur les chiens qui le harcèlent et rentre ensuite à reculons dans son bourbier. Son impétuosité et son courage en imposent à tous.

Par prudence, les cris des chasseurs et le bruit des trompes ont cessé, pour ne pas surexciter les chiens, qui dans leur ardeur se feraient tous tuer infailliblement.

Tous les chasseurs saisis d'enthousiasme admirent ce spectacle émouvant. En effet le sanglier, hérissé de colère et de fureur, paraissait être réellement de la taille d'un mulet, la gueule rouge et toute grande ouverte, couverte d'écume, le bruit et l'acharnement du combat sont indescriptibles : ils représentent un tableau saisissant et admirable, car les abois des chiens Anglais sont cent fois plus bruyants et plus acharnés que ceux des chiens français, ce qui s'explique facilement, le fox-hound étant façonné de sang de chien courant, de levrier et de bull.

Tout à coup, l'animal se précipite sur un chien qui l'aboyait au nez, la pauvre bête bondit en l'air et laisse en tombant une partie de ses boyeaux accrochés aux branches basses d'un arbre, d'autres décousus, marchent sur les leurs !...

Un officier des plus courageux s'approche imprudemment à cheval ; le sanglier fond sur lui comme l'éclair, se dresse pour essayer de l'atteindre, coupe d'un coup de boutoir une de ses bottes et blesse à l'épaule le cheval qui part effrayé à travers bois.

M. de Bourbon-Chalus, élevé à la vieille école de la bravoure, est à pied au milieu des fox-hounds, se disposant à servir le solitaire au couteau de chasse.

Tous frémissent de voir le danger auquel est exposé notre excellent ami. Pour mon compte, je sens mes cheveux se dresser... Les sangliers de cette taille ne se servent pas au couteau de chasse, une telle entreprise est plus que de la témérité !

Malheureusement, aucun de nous n'était armé de fusil, le piqueux seul était muni d'une petite carabine à crosse brisée, qu'il portait dans les fontes de la selle de son cheval pour les cas urgents. Nous l'apercevons près du courageux veneur cherchant à profiter d'un moment d'immobilité du sanglier pour le tirer ; le coup part, l'animal tombe ! un cri de satisfaction s'échappe de toutes les poitrines ! Les chiens se précipitent sur la bête, la mordent avec acharnement, les trompes sonnent l'hallali. La joie de tous les chasseurs est indicible. On transporte le sanglier à une des lignes les plus proches pour faire la curée chaude à la meute surexcitée.

Par prudence on couple les chiens pour les sortir du fourré afin qu'ils ne s'écartent pas et n'empaument pas la voie d'une autre bête. Arrivé au Rond-Point, les chiens sont placés de distance en distance et tenus sous le fouet. L'animal est decousu, l'intérieur leur est jeté, il est aussitôt déchiré et absorbé en un clin d'œil.

Le laisser-courre avait commencé à une heure et avait duré deux grandes heures, l'hallali et le fouail trois quart d'heures environ.

La nuit s'annonçant, les piqueux prennent le chemin de la retraite ; le sanglier est porté sur le devant de la selle d'un des valets de chien.

Les trompes sonnent la marche de l'équipage, la colonne des chasseurs suit à courte distance pour ne pas perdre un coup d'œil intéressant, qui rappelle les émotions de la journée.

On arrive à Moulins enchanté d'avoir assisté à une aussi brillante chasse, et été témoins surtout d'aussi beaux abois.

L'opinion de tous les chasseurs fut donc que M. des Roys avait parfaitement raison de donner la préférence aux chiens anglais. Ils n'avaient vu alors que le beau côté de leurs qualités, qu'une foule de circonstances heureuses avaient favorisées, ce que je vais expliquer.

1° Un grand sanglier seul, donné à bout de trait de limier.

2° Lancer à vue, relais bien donner et en tête, et tous les chiens ensemble.

3° Débucher en plaine, qui a permis aux fox-hounds de développer leurs principales qualités, la vitesse et la tenue.

4° Le laisser-courre sur un terrain mou, et l'hallali courant dans une forêt bien percée qui a favorisé la prise de l'animal.

5° Chasse bien dirigée par le grand maître veneur, bien suivie par un piqueux des plus habiles.

6° Un bon temps de chasse.

Tout avait donc marché à souhait.

Maintenant que j'ai fait le récit d'un laisser-courre de grand sanglier dans les conditions où tout l'avantage est resté aux chiens et aux chasseurs, je vais essayer de démontrer les difficultés de chasser un sanglier en compagnie.

Tous les épisodes que je raconte sont l'expression fidèle des faits qui se produisent en chasse: ils sont très-instructifs pour les jeunes veneurs qui veulent monter équipage, car ce sont toujours à peu près les mêmes qui se représentent dans le laisser-courre.

Deuxième chasse.

Rendez-vous est donné par le maître d'équipage, M. A. Des Roys à la forêt de Mulnay.

Un certain nombre de jeunes chasseurs et d'officiers du 8ᵐᵉ hussard convinrent de se trouver à la loge du garde à 9 heures du matin et d'apporter chacun des provisions de bouche pour avoir le plaisir de se trouver réunis avec les sociétaires du Rallie-Bourbonnais et de déjeuner tous ensemble.

C'était dans ces parages qu'un grand sanglier avait été signalé et le piqueux le travaillait depuis deux jours. C'était à la loge du garde, que le rapport sur le résultat de sa quête devait avoir lieu.

A neuf heures, tous les jeunes chassseurs se trouvaient donc réunis dans une vaste salle à manger, construite par les soins du propriétaire de la forêt, membre de la société Rallie-Bourbonnais,M. de la Jolivelle, en prévision de réunions nombreuses.

Comme on peut le penser, la gaieté était grande !

Un des enfants gâtés de Moulins, feu de Saint-Léger, se présente avec un volumineux paquet à la main, s'assied, et se dispose à déjeuner. Ses voisins s'empressent de lui offrir les mets appétissants, qui sont sur la table.

Doué d'un esprit rare, vif, gai et aimable, de Saint-Léger raconte les histoires les plus amusantes qui provoquent à chaque instant de bruyants éclats de rire !... Je regrette de ne pouvoir les répéter mais leur esprit un peu trop gaulois et gascon m'en empêche !... Il en est une cependant qui ne manque pas de sel et peut se dire partout : Un veneur intrigué demande à développer le paquet qui contient le déjeuner de notre ami, se doutant bien qu'il renferme une malice ou une plaisanterie ? Le premier papier qui l'enveloppait était très-bien ficelé ! le second de même ! et ainsi de suite jusqu'à 24. Puis ! un... macaron !........ on rit en criant à la tricherie !.....

Notre ami et camarade demande alors à nous raconter l'histoire de son macaron ! que je rapporte telle que je l'ai entendue !

« J'avais recommandé, dit-il, hier au soir à mon nouveau valet de chambre de venir me réveiller à sept heures du matin. Croyant bien faire sans doute il est entré dans ma cham-

bre à cinq heures en me disant : « Monsieur ! Monsieur ! Il
« est cinq heures vous avez encore deux bonnes heures à
« dormir... » J'ai trouvé la naïveté si grande que malgré ma
« mauvaise humeur, j'en ai souri ! mais craignant que cet
« animal vienne de nouveau à six heures me dire : « Mon-
« sieur ! vous avez encore une heure à dormir, je l'ai prié
« de prendre un macaron et de l'envelopper avec le plus
« grand soin dans vingt-cinq grandes feuilles de papier blanc,
« de bien les ficeler toutes les unes après les autres, puis de
« placer le paquet avec précaution dans les fontes de la
« selle de mon cheval.

« Ce que j'avais prévu est arrivé ; ce travail m'a laissé som-
meiller tranquillement jusqu'à sept heures. »

A ce moment nos grands maîtres en vénerie arrivent heureux de trouver des visages gais et amis, et de recevoir un
accueil des plus chaleureux.

Je leur racontai la plaisanterie de Saint-Léger qui les amusa beaucoup ! — Nos braves amis étaient sévères pour eux
mais indulgents pour tous, cherchant toujours à être agréables aux uns et aux autres, aussi étaient-ils appréciés et très-
aimés.

Il était près de midi ; on annonce le piqueux !

Il a, dit-il, un grand sanglier, mais il est en compagnie.
Dans le nombre se trouve deux ragots à leur tiers an !

Le maître de l'équipage paraît contrarié !

Il donne ses ordres, puis tous montent à cheval !

Les uns partent pour l'attaque, d'autres accompagnent
l'équipage au relais désigné. Recommandation est faite à
tous les chasseurs de se disperser dans les lignes pour voir
passer l'animal et prévenir les piqueux, dès qu'ils l'aperce-

vraient pour qu'ils puissent mettre les chiens sur la voie.

Six chiens seulement sont découplés : après bien des difficultés ils tombent aux abois ! Les animaux font fort un instant,puis se sauvent !... Les chasseurs épars sur les chemins voient sauter des bêtes noires de tous côtés, mais aucun n'a aperçu le grand sanglier.

Les hommes de l'équipage arrêtent les chiens,les piqueux les ramènent à la bauge supposant bien que le quartenier y est resté ! — ruse ordinaire des grands vieux sangliers ! En effet, les chiens se remettent aux abois !

Louis crie et s'avance à cheval dans la direction indiquée par les cris des fox-hounds :

Le solitaire sort de sa bauge ! les chiens le chassent mais crient peu, il se fait battre dans des épines noires, on entend le bien-aller, le relais est lâché !

En traversant le bois, les chiens rencontrent la voie brûlante de bêtes noires sur pieds ! Plusieurs chasses se font entendre !...

Les bêtes noires ne quittent pas les fourrés. Le grand sanglier donne change par ses tours et retours et renvoie, les quelques chiens qui le chassent... Un sanglier paraissant très-beau, débuche sur Labrosse, quarante chiens le suivent. Le piqueux est entraîné malgré lui par cette chasse et par le nombre des chasseurs.

Il sait très-bien que le grand sanglier a donné change et qu'il reste dans les fourrés de Mulnay, mais vu l'heure avancée de la journée, il n'hésite pas à courir le ragot et sonne pour ameuter les autres chiens.

La chasse va d'un train d'enfer, les chasseurs dispersés

dans la plaine, les uns sautant, d'autres culbutant, offrent un coup d'œil curieux !

La chasse arrive à la route de Chapeau et entre dans les fourrés des renardières, fourrés impénétrables ! Peu après les fox-hounds se débandent, les chiens de tête crient peu ! et pas une ligne pour pouvoir les ameuter.

Une partie des chiens est derrière les chevaux, les valets de chiens entrent au bois par divers sentiers pour essayer de les faire rallier ; mais ils ne peuvent y parvenir !

L'animal se fait battre et rebattre une grande heure pendant laquelle il a soufflé et gagné de l'avance !... Il en profite pour prendre un parti : traverse l'étang Petit, les bois de Jaligny. Les chiens chassent, mais sans crier beaucoup ! on entend seulement les cris perçants de quelques-uns. La nuit s'annonce : ordre est donné de rompre et de rentrer au chenil !

La chasse a duré trois heures et demie, le débuché a été très-beau et très-gai, mais l'animal était très-vigoureux et, comme tous les sangliers de ce pays-là accoutumés à être chassés par de petites meutes, il était en haleine et parfaitement aguerri, paraît-il, aux fatigues et aux courses rapides !

— Je ferai observer ici que les animaux de cet âge sont les plus difficiles à forcer, surtout lorsqu'ils ont l'habitude des chiens, c'est-à-dire d'être chassés ! —

Troisième chasse.

Peu de jours après un quartenier est de nouveau reconnu dans les contours du vieux château, forêt de Mulnay. Le jour est désigné pour le chasser. Tous les sociétaires du Rallie-Bourbonnais sont au rendez-vous à l'heure indiquée !

Le piqueux a devancé l'heure habituelle, et déclare que l'animal est seul, mais qu'il vide l'enceinte et a la tête tournée sur les bois de Pannesange !...

Désappointement général ! Néanmoins le maître d'équipage donne ordre de mettre les chiens d'attaque sur les traces de l'animal pour essayer de le rapprocher.

Mais ayant peu confiance, paraît-il, dans l'essai, il reprend le chemin de Moulins.

Douze chiens sont découplés sur la brisée, ils filent la voie mais sans crier.....

Le piqueux sonne à chaque instant des vol-ce-l'est, c'est plutôt lui qui suit la voie que les chiens.

Après deux heures de tentatives infructueuses, les chasseurs furent d'avis que les chiens anglais ne voulaient pas de voie froide et qu'il fallait remettre la chose à un autre jour et reprendre la route du logis.

Quatrième chasse.

Un grand sanglier avait été signalédans les bois de Chapeau. Le relais était à l'étang Petit, passage habituel des bêtes noires.

En voulant le raccourcir Louis l'a mis debout... — Ruse habituelle du malin piqueux, afin d'être plus sûr d'attaquer l'animal et d'éviter que ses chiens soient trouvés en défaut pour le rapprocher et l'attaquer. — Par exception, — vingt chiens sont découplés sur la brisée en prévision d'éventualités et de difficultés à donner le relais peut-être. La voie est saignante. Les chiens font entendre quelques coups de voix en filant la passée !

Les chasseurs sont étonnés de ne pas leur voir plus d'entrain.

Les piqueux les excitent de la voix et de la trompe ; l'animal fuit dans la direction opposée à l'étang Petit où se trouve le relais.

Ordre est donné d'aller dire aux valets de chiens que la chasse se dirige sur les bois de Genetines et de Mulnay et de porter en toute hâte les chiens en avant et en relais volants.

Les trois hommes munis chacun d'une longe, qui mesure 3 mètres environ, se divisant, au bout, en dix ou douze branches, les chiens sont aussitôt saisis par les colliers ou par les accouples et hardés de quinze en quinze.

Les trois valets de chiens, tenant leur harde en main partent aux grand galop de leurs chevaux. — Car une allure moins vive rendrait l'entreprise impossible. Tous les chiens suivent, pas un ne tombe ni ne s'embrouille.

Les chasseurs qui aperçoivent passer les trois cavaliers avec ces groupes de chiens compactes, qui s'engagent à travers les plaines, franchissant tous les obstacles qui se présentent, haies, fossés, barrières, et qui voient parfois. et en même temps, homme, cheval et chien tous en l'air, comme mus par un ressort électrique, sont saisis d'étonnement et d'admiration, de l'habileté des cavaliers, et de la vigueur extraordinaire des chiens.

— En effet, il n'y a pas possibilité, dans cette manœuvre, de modérer la vitesse du cheval, différemment les chiens prendraient les devants, pourraient se faire écraser, faire faire la culbute au cheval et au cavalier... —

Les trois valets de chiens, guidés par le son du cor ont réussi à approcher de la chasse, ils s'arrêtent en face d'une haie trop élevée et trop épaisse pour la franchir ou la traverser ! tous s'entr'aident pour lâcher les chiens qui rallient à la trompe et à la voix du piqueux qui les ameute aux chiens de têtes. L'animal traverse les bois de Mulnay en se dirigeant sur la forêt du Peray ? Il essaie de faire tête dans la plaine. Mais à la vue du bataillon de voltigeurs et de l'escadron qui l'accompagne, il repart de toute la vitesse de ses jambes. Les chiens les plus vites, qui l'ont aperçu, lui soufflent le poil !... Des bien-aller, courts mais répétés, se font entendre de tous côtés, les officiers du 8me hussard se distinguent par leur intrépidité, ils franchissent, dans leur course effrénée, des obstacles effrayants. Les chutes, les culbutes, les accros sont des détails qui ne comptent pas ! Tous

tiennent à honneur, à assister la prise de la redoutable
bête !...

Le sanglier, surmené par le renfort survenu dans le laisser-courre, ralentit sa marche, en rentrant en forêt... Trahi
sans doute par la *muette* des chiens, il essaye encore de
reprendre haleine et faire tête !... Mais le mutisme se change
en abois épouvantables. Le gros de la meute accourt à cet
appel si significatif, et surexcité par la vue et les cris des
chasseurs enthousiasmés fond sur l'ennemi, le renverse et le
tient sous ses griffes. Le capitaine Vte de Louvencourt,
colonel aujourd'hui, aussi brave que son épée, se précipite
de cheval et lui fait les honneurs, jusqu'à la garde, de la
lame de son couteau de chasse.........

Cinquième chasse.

Un ragot à son tiers ans est attaqué au Reyré, à l'extrémité nord de la forêt de Bagnolet ; pris à vue par les chiens
il débuche, saute l'Allier, se dirige sur les bois de Lame-
nais, se fait rebattre et donne change. L'animal, de même
âge, trompe les chasseurs et les piqueurs, il débuche, traverse la Loire, s'engage dans les bois de Saint-Ouen, de
Sardolles et d'Azy dans lesquels il se fait rebattre jusqu'à
la nuit. Le piqueux Louis Ferey suit seul la chasse.

Dubuché de 17 à 18 lieues environ. Le piqueux est resté
trois jours à requêter ses chiens et à rentrer !

Très-belle chasse, mais les chasseurs arrêtés par le fleuve n'ont pu en jouir !

Nous sommes rentrés à Moulins à 5 heures du matin après avoir dîné à Lussenay à onze heures du soir

Les cinq chasses dont j'ai fait le récit représentent à peu près tous les épisodes et faits qui se produisent ordinairement dans le laisser-courre du sanglier. J'ai cru devoir faire grâce au lecteur des chasses manquées soit par suite du relais mal donné, soit par suite de mauvais temps de chasse ou de contre-pied empaumé par les chiens du relais, etc.

De même que de l'attaque des solitaires qui ne veulent pas marcher, se donnent aux chiens et dont le laisser-courre est un hallali courant qui dure trente, quarante, cinquante minutes plus ou moins selon les forces et la disposition de l'animal. Ces chasses sont extrèmement belles, mais elles sont rares.

Une Sainte-Hubert dans la forêt de Tronçais en 1860.

Le bourg de Cerilly placé sur une éminence à proximité de la forêt est charmant pour un chasseur. Les habitants y sont hospitaliers et serviables, aimant beaucoup les plaisirs et les fêtes.

C'est à Cerilly que la société Rallie-Bourbonnais et ses amis se sont donné rendez-vous pour fêter le grand Saint-Hubert, patron des chasseurs et courir les grands sangliers très-nombreux à cette époque dans la forêt !

Le grand jour arrivé, trente chasseurs se réunissent au Rond-Gardien, repaire des sangliers.

Les équipages de M. le Cte A. des Roys et de M. le Mis de Beaucaire étaient hardés en face l'un de l'autre et formaient un nombre de cent-cinquante chiens. A côté, on remarquait un valet de chiens ayant une jambe de bois, ce qui paraît-il, ne l'empêchait pas d'être très-bon cavalier. En examinant bien sa physionomie on apercevait deux yeux noirs brillants qui indiquaient chez lui une vivacité et une énergie peu ordinaire. Enfant trouvé, recueilli par les soins de M. de Beaucaire et élevé à sa rude école, Jack n'a d'autre désir que d'obéir et de plaire à son maître.

Les valets de limier sont en quête, il est 10 heures. Un des hommes de M. de Beaucaire apparaît et dit qu'il a rembuché un quartenier qui est seul; mais, dans l'enceinte, se trouve une compagnie de bêtes noires très-nombreuse.

Louis Besson se présente, rapporte qu'il a raccourci un grand vieux sanglier au rond de la Cave, mais qu'il est... en bonne et nombreuse compagnie.

Les grands maîtres veneurs, après s'être concertés, décident qu'on ira frapper d'abord à la brisée du sanglier seul.

La reconnaissance du pied faite, ordre est donné de découpler les chiens d'attaque.

Hardiment attaqué par huit chiens des deux équipages très-vivement appuyés par les piqueux, l'animal sort de sa bauge et, après une tentative de résistance, se sauve. Aussitôt les bien-aller se font entendre. Toutes les hardes de meutes sont données, mais le grand nombre de chiens en ralliant met sur pied bêtes noires et chevreuils qu'on aperçoit bondir de tous côtés. Les chasses se croisent et s'entremêlent et produisent un instant de confusion et d'inquiétude chez les chasseurs peu accoutumés à ce genre de chasses. Prière est adressée à tous les chasseurs de se disperser pour tâcher de voir le solitaire.

Pensant qu'il prendra, comme tous les grands sangliers, un parti, je me dirige après avoir.étudié le vent sur le rond de la Cave. Arrivé sur ce point, j'entends la voix des chiens anglais qui semble pousser un animal très-vivement dans la direction de ıa pièce d'eau.

Prévoyant bien que le sanglier effrayé par le nombre de ses ennemis et par la bruyante musique qui l'accompagne essaiera pour s'en débarrasser de traverser le vaste réservoir, je pars à toute vitesse me placer à la Guéraude pour examiner le tableau que j'entrevoyais dans mon imagination, l'animal à la nage et les deux équipages à sa suite.

Peu après, en effet, j'aperçois une quarantaine de bêtes noires se jeter à l'eau. Dans le nombre, j'y distingue parfaitement un grand sanglier qui, en bondissant dans l'étang, a déplacé un gros volume d'eau et produit de fortes vagues. La vue est sonnée ; tous les chasseurs arrivent et sont dans l'enthousiasme en contemplant cet admirable spectacle de tant d'animaux sauvages et de chiens à la nage à la fois dans une aussi grande étendue d'eau.

M. de Beaucaire arrive très-animé et. surexcité par la vue des chasseurs, des sangliers et des chiens, crie d'une voix formidable à son intrépide valet de chien Jack : Les chiens passent ! passe !... et Jack, la jambe de bois, se précipite à cheval la trompe aux lèvres dans le vaste étang.

Tout à coup le cheval perd pied, disparaît et semble na-

ger de côté pour se débarrasser sans doute de son cavalier.
Mais Jack a saisi la crinière en l'excitant de la bride et de la
voix; Et bien que la traversée soit longue, son courage est
à la hauteur du péril. A force de lutter et de combattre
et après des efforts inouïs, il atteint l'autre rive et disparaît
aussitôt sous les hautes futaies en faisant entendre les bien-
aller les plus gais.

M. de Beaucaire suivi de son piqueux, Charles de Baralon et de son valet de chambre, Simon de Baralon, a depuis longtemps déjà pris les devants de la chasse pour surveiller le passage du solitaire, car le maître veneur a promis
de le séparer de sa compagnie et il a à honneur de tenir sa
promesse et de plus de le saisir par les écoutes.

A la sortie de l'eau, les animaux se sont divisés et les
chasses se font entendre de différents côtés... Mais les difficultés ne paraissent pas étonner le grand-maître.

Le piqueux, Charles, suit rapidement sous bois la voie de
l'animal de meute et se porte suivant la direction de sa hure
sur les devants de son passage présumé, tandis que le maître d'équipage et Simon guidés par les vol-ce-l'est. font le
guet dans les lignes transversales de Valigny...

Tout cela parfaitement combiné et promptement exécuté.

Tout à coup la vue est sonnée, suivie de la fanfare du
sanglier de meute.

Simon, vif et alerte, court prévenir les chasseurs qu'il sait
être sur la route de Lurcy-Lévy et les prie de rompre les
fausses chasses et d'ameuter les chiens au laisser-courre de
son frère dans les dunes de la forêt...

Tous les chasseurs aidant, les diverses chasses sont promptement arrêtées et les chiens portés aux sons ronflants de la trompe de Charles.

Louis Besson enlève les Anglais comme par enchantement, c'est que lui aussi s'y entend à sonner entraînante fanfare ! Les chiens rallient ! Commence alors un joyeux carillon de voix égayé par vingt trompes qui ne cessent de l'appuyer. La chasse vole ; les chiens, les chevaux vont d'un train d'enfer, M. de Beaucaire, qui tient à faire convenablement les honneurs de ses chiens et de la magnifique forêt, est en tête de la chasse, chassant, brisant tout sur son passage. Son triple ponnay Chassery a la bouche et les flancs tout en sang. L'ensemble et l'aspect de ce charmant sport est réellement splendide.

Pressé de tous côtés, l'animal s'engage dans les hautes bruyères de Thyolet, essaye de donner le change, mais les rapides fox-hounds l'ont au nez et, bon gré mal gré, il faut marcher, sinon gare les suites. Il traverse les futaies et les sous bois de houx du Grand Gué. Passe à la queue de l'étang Pireau, se fait rebattre au plus épais des semis de Soulice et entre dans les fourrés d'épines des Prés-Loyés. Les chiens perdent leur avantage un instant, mais les braves bâtards de Vendée collés à la voie les chassent avec acharnement, les fox-hounds, se guidant sur la voix des chiens de tête et de menée, lui barrent le passage à chaque instant, il est pris à vue et ce sont alors des kif-kif et des kouif-kouif pressants qui sont le prélude de l'hallali courant. Il prend les perchés du rond de la Cave et entre dans les futaies de Villegeot.

Les fox-hounds l'arrêtent aux cabotes dans un ravin profond dans lequel il a peine à se retourner. Il se met à l'hal-

lali courant se défendant vaillamment... Il traverse le taillis
et fait fort à la queue de l'étang des forges de Tronçais...
Les abois sont aussi admirables qu'acharnés !... L'animal
est coiffé et renversé ! Il se relève, blesse et tue des chiens !
Mais le nombre de ses ennemis augmente à chaque instant et vaincu par le nombre il est couvert par les chiens
qui le tiennent sous eux !.....

Le spectacle est émouvant ! mais on comprend qu'il faut
mettre fin à la bataille par crainte de perdre peut-être les
meilleurs chiens !   .   .   .   .

M. de Beaucaire prie M. des Roys de faire les honneurs
de son couteau de chasse à la terrible bête noire ! Sur son
hésitation, inspirée par la modestie, le grand maître s'approche et met fin à l'agonie du vaincu.

Le fouail est fait et annoncé par vingt trompes aux échos
de la forêt.

Les chiens sont aussitôt accouplés : en les comptant on
remarque qu'il en manque vingt-quatre !... cinq sont restés sur le champ de bataille, morts glorieusement !...
Quant aux autres que sont-ils devenus ? tous l'ignorent !...
C'est une énigme !... on ne s'en préoccupe pas davantage
espérant bien qu'ils se retrouveront...

Les piqueux et les hommes des équipages ouvrent la
marche du départ en sonnant la retraite prise !... et la colonne des chasseurs suit et escorte le trophée de Saint-Hubert !

M. de Beaucaire, qui avait tenu à faire les honneurs de
la belle forêt de Tronçais, voulut également faire à tous
ceux de sa table : Il nous prodigua toutes les richesses de
son garde-manger et de sa cave !...

Tous furent très-touchés de son empressement et de sa chevaleresque courtoisie! Soignez-vous, mes amis, je vous en prie! mouillez votre nourriture!... etc.

Au commencement du dessert surgit un incident imprévu qui finit de mettre la gaieté dans les esprits et dans les têtes!...

La fanfare du sanglier et les honneurs du pied se firent entendre bruyamment aux fenêtres de la salle à manger! Le silence se fait, tous écoutent, se questionnent des yeux!...

Mais c'est Jack la jambe de bois, qui sonne, dit le marquis : je le croyais perdu!... noyé peut-être... faites-le entrer!...

Et Jack se présente tenant en main la trace d'un quartenier que dix-huit chiens ont pris à Civray!... et il l'a servi, dit-il crânement!...

Il offre le trophée au Cte A. des Roys... Bravo Jack!...

Le grand maître veneur ne se possède plus de joie : Il tient à offrir à ses amis, punch à la française, dit-il!...

Et il fait apporter une énorme soupière en argent dans laquelle il vide le sucrier et verse dix ou douze bouteilles de champagne, 4 ou 5 de vieux cognac et 2 de kirch! etc...

— Ah! cher lecteur! quel bouillon!...

Approchez vos verres, mes amis! pour que nous puissions boire au bon Saint-Hubert qui nous a si bien favorisés, aujourd'hui, et aussi au bonheur de nous revoir, et courre encore ensemble les solitaires de Tronçais!

Plusieurs officiers et chasseurs un peu émus remercient en termes chaleureux le roi des chasseurs et lui proposent

en même temps de boire avec lui, à sa santé, le précieux
nectar que contient le riche meuble de famille qui orne si
magnifiquement la table ! Mais à la condition qu'il videra
deux fois son verre pendant qu'ils le boiront une !...

La proposition est carrément acceptée !...mais il fut convenu que le ou les vaincus recevraient le baptème de Saint-
Hubert, et embrasseraient le..... dessous des bouteilles
vides.

Entendu répond la brillante jeunesse !...

Mais les spectateurs du fait demandent, pour égayer la
chose, au grand maître veneur de jouer quelques fanfares
et airs de musette.

Notre ami qui était toujours heureux, lorsqu'il avait le
charmant instrument champêtre sous le bras, s'empressa de
se rendre au désir que tous lui exprimions si vivement. Et
aussitôt il nous fit entendre les airs les plus gais et les plus
variés. Les jeunes gens ne se possédaient plus, buvaient
gaillardement. L'héroïque veneur répondait gaiement à
tous les appels portés à sa santé. Aussi la fameuse coupe
diminuait sensiblement... Les uns et les autres animés de
plus en plus par le baume enchanteur et par les sons de la
cornemuse se mirent à danser entre eux !... Mais peu à peu,
avec l'agitation les fumées du rogomme se développèrent et
montèrent à la tête des moins solides ; et cédant au sommeil, assis sur leur chaise, le menton sur la poitrine, ils
restèrent sourds à tous les appels...

Apportez du champagne ! que je les baptise ! Et il verse
tour à tour, tout doucement le contenu du flacon sur la nu-
que des défunts, de manière à faire couler le liquide le long
de l'épine dorsale et produire au centre un véritable bain

de siége !... En disant : « Je te baptise noble et vaillant « disciple de Saint-Hubert et te déclare digne d'entrer en « deçà et en delà des mers dans les vignes du Seigneur... et de choquer la botte avec les Bassompierre de bachique mémoire :

> « Dormez en paix, le Dieu
> « Bacchus veille sur vous !

Et il entonne en même temps ce joyeux refrain :

> « Quand j'ai bu de ce jus, adieu la mémoire
> « Adieu le chagrin, je ne sens rien que le bon vin ;
> « Et tralala, lalalalala ! et tralala, etc. »

Avec accompagnement de la musette.

C'est dans ces dispositions bachiques et jusunils, célébrant l'enterrement de première classe des vaillants disciples de Saint-Hubert que l'aurore nous a surpris !...

Etions-nous fous alors !...

V

LE CHATEAU ET LA FORÊT DE MEILLANT

Le château de Meillant, situé à huit kilomètres de Saint-Amand-Mond-Rond (Cher) est un des plus beaux édifices qui existent en France. Il est orné de nombreuses sculptures, représentant des montagnes embrasées, Chauds-Monts, armes parlantes des propriétaires et des Chauds-Monts entrelacés.

L'origine de Meillant se perd dans la nuit des temps. Cependant il est naturel de croire qu'après la conquête des Gaules, les Romains qui occupaient un poste important à Châteaumeillant, ancien oppidum Romain, à dix lieues de Meillant, pour surveiller la fabrication de fers, établirent à Meillant un corps de garde, dont on a retrouvé les ruines ; ce détachement tira son nom de ce même Châteaumeillant.

Les forges à bras dont on voit encore les traces tout à l'entour confirment cette tradition.

Lorsque les Francs chassèrent les Romains, un de leurs chefs vint probablement établir sur ce même port romain un fief, qui progressivement devint forteresse, château féodal : ce qui en fait foi, c'est une pierre retrouvée en 1842 dans la démolition d'une vieille tour appartenant à la forteresse.

Cette pierre portait l'inscription suivante : « restauration de Meillant en 1127. » Au commencement du onzième siècle, Meillant se montre à nous comme une seigneurie importante, faisant partie de l'apanage d'une branche cadette de la puissante maison de Déols. La principauté de Déols, à cette époque, embrassait presque tout le Bas-Berry. Cette branche cadette prit le titre de seigneur de Charenton. Il est donc établi que la restauration, en 1127, se fit par les ordres du seigneur de Charenton. Ebbes, cinquième du nom, seigneur de Charenton, fonda l'abbaye de Noirlac en 1136.

Une chronique du temps dit que Saint-Bernard, en venant visiter le monastère naissant de Noirlac, habita quelques jours un château du voisinage, Meillant, qui faisait partie de la seigneurie de Charenton. Cette chronique ajoute que lorsque les moines de Noirlac avaient épuisé leurs provisions, ils envoyaient au château de Meillant un sac vide avec une bande de parchemins sur laquelle on lisait : *Patres de Domino Dei agent pane*. Les pères de la maison de Dieu manquent de pain.

Marie, Dame de Charenton, fille d'Ebbes, sixième du nom, seigneur de Charenton et de Guibarges de Bourbon, devint leur unique héritière par la mort de son frère Ebbes, septième du nom qui se noya dans le lac de Noirlac. Elle épousa vers 1200 Guillaume, premier du nom, comte de Sancerre, de la branche cadette de la maison souveraine de Champagne, qui y resta 210 ans.

Ce fut sous Étienne, deuxième du nom, comte de Sancerre, que la partie gothique du château, la tour des Cerfs,
celle des cuisines, furent commencées en 1284. Après sa
mort, Jean II, comte de Sancerre, frère et héritier du précédent, accorda à la veuve d'Étienne II, en 1306, pour son
douaire, la jouissance des châteaux et terres de Meillant,
Charenton, du Pondy, à la charge par elle, de parfaire les
bâtiments qu'Étienne II, son mari, avait commencés à
Meillant...

A défaut d'héritiers mâles, Marguerite de Sancerre devint
unique héritière de sa maison. Elle épousa Bérand, deuxième
du nom, dauphin d'Auvergne ; de cette maison naquit seulement une fille, Marguerite d'Auvergne ; cette dernière
épousa Jean, sire de Breuil. Comme sa mère et sa grand'-
mère, la dame de Breuil, n'eut qu'une fille, qui devint héritière du Comté de Sancerre. Le 23 août 1828, elle le
porta dans la maison d'Amboise, en épousant Pierre d'Amboise, seigneur de Chaumont, conseiller des rois Charles VII
et Louis XI. Par ce mariage, Meillant entra dans les posses-
sions de la maison d'Amboise.

L'histoire nous apprend que Pierre d'Amboise eut dix-
sept enfants, qu'il mourut à son château de Meillant et que
ses restes furent portés à Bourges pour y être ensevelis
dans le couvent de Saint-Claire. Après son fils Charles, premier du nom, Meillant passa à son petit-fils, Charles,
deuxième du nom, grand-maître de France, gouverneur du
Milanais et neveu du célèbre cardinal d'Amboise. C'est à
Charles d'Amboise, deuxième du nom, que l'on doit la seconde restauration de Meillant; il y ajouta de nouvelles
constructions, la magnifique tour du Lion et de la partie

7

qui l'entoure ; il les fit décorer avec somptuosité, entre-
mêlant les ornements de la sculpture de son chiffre, deux
C croisés et de ses armes parlantes, les monts enflammés.

Brantôme nous apprend, vers 1527, qu'il courait de son
temps une sorte de dicton populaire : Milon a fait Meillant,
cela voulait dire, ajoute-t-il, que des grains et profits que
fit M. le grand-maître de Chaumont, quand il en était gouverneur, en fit faire les château et maison de Meillant qui
est l'une des belles et superbes qu'on saurait voir : « Suivant la tradition, l'architecte de Meillant, à cette époque, fut le célèbre Jocundo, ce dominicain de Vérone,
qui travailla avec Michel-Ange à la basilique de Saint-
Pierre.

Charles d'Amboise ne put pas jouir de la belle demeure
qu'il s'était fait préparer ! Il mourut à Corrégio en Lom-
.bardie, le 11 février 1511, âgé de 38 ans.

L'auteur anonyme de l'histoire du chevalier Bayard dit
que « ce fut en son vivant un sage et vertueux et avisé seigneur de grande vigilance et bien entendant les affaires :
mort le Preint un peu bientôt car il fut un homme de bien
toute sa vie. »

Le roi Louis XII vint faire un visite à Meillant, il voulait surprendre son grand-maître, mais ce dernier était ab-
sent. Le roi coucha cependant à Meillant. Avant d'en repartir, il écrivit à Charles d'Amboise de sa royale main la
lettre que voici. « Mon cousin, je suis venu pour vous voir
« dans votre château de Meillant : je m'y suis embourbé ;
« je n'y ai trouvé que votre Pute ; mais que le diable m'em-
« porte si j'y reviens jamais. »

Malheureusement cette lettre a été volée comme beaucoup d'autres en 1793.

Pour conserver le souvenir d'une visite aussi honorable, Charles d'Amboise fit placer sur une partie du toit de la tour, dit des Tarrazins, un chapeau de plomb. Sur son fond d'azur on y voit le porc-épic d'or couronné, emblème du roi Louis XII, avec douze L à gauche et douze fleurs de lys à droite également dorées.

Ce même souvenir se retrouve encore dans la grande salle d'armes, au rez-de-chaussée, sur les colliers que portent les trois grands cerfs qui ornent cette salle. L'un des colliers est aux chiffres, armes et emblème du roi Louis XII, le porc-épic LL et la fleur de lys.

L'autre collier porte le chiffre et les armes d'Anne de Bretagne, sa femme l'hermine, l'A et le cordon de la cordelière, ordre qu'elle institua en l'honneur des dames vertueuses de la cour. Plus tard le cordon de la cordelière perdant le but de son origine, celui de récompenser la vertu, servit à entourer l'écusson des veuves. Le troisième collier est aux armes parlantes des Chaumonts d'Amboise, les C croisés et les monts enflammés.

George d'Amboise, fils unique de Charles d'Amboise, fut tué à la bataille de Pavie, à l'âge de 22 ans.

Sa cousine Antoinette d'Amboise devint, par cette mort prématurée, son héritière. Elle avait épousé, en 1580, Antoine de La Rochefoucauld, de la branche des Barbézieux. Son fils, Charles de La Rochefoucauld Barbézieux, après la mort de ses parents devint seigneur de Meillant : C'est lui qui fut gouverneur du Berry sous les rois Henri II, François II et Charles IX. Il fut également nommé lieutenant-général. Les archives de Meillant possèdent encore une lettre autographe écrite entièrement de la main de Henri II au sire Charles de Barbézieux. Ce dernier n'ayant point eu de fils, sa fille, Antoinette de la Rochefoucauld, devint son héritière. Elle épousa, en 1578, Antoine de Brichanteau, seigneur de Nangis, et lui apporta les seigneuries de Meillant et de Charenton. Elles restèrent dans la possession de cette maison pendant deux ou trois générations. Puis à défaut d'héritiers mâles, Meillant avec les autres seigneuries devint l'héritage de Madeleine Hérèse de Brichanteau Nangis. Elle épousa, en 1710, Pierre Georges d'Entraigues connu depuis sous le nom de duc de Falaris. Les folies de ce dernier ne permirent pas à la maison d'Entraignes de garder longtemps ces belles terres ; elles furent achetés au commencement du dix-huitième siècle par les Béthune-Charost, branche cadette de la maison de Béthure de Sully. Le duc de Charost, dernier propriétaire de Meillant, si populaire en Berry, à cause de ses bienfaits sans nombre qu'il y répandit, est ce philanthrope par excellence dont Louis XV disait : « Regardez cet homme il n'a pas beaucoup d'appa- « rence ; mais à lui seul il vivifie mes trois provinces. » Le duc de Charost passa, avec sa seconde femme, l'époque de la terreur à Meillant, défendu lui et son château par l'amour des populations ; cependant la Convention ordonna son arrestation ; il fut conduit à la prison de Saint-Amand, mais les habitants du village de Meillant allèrent en masse l'y chercher et le ramenèrent dans son antique manoir. La Convention, en face d'une telle manifestation populaire, n'osa pas aller plus loin et ferma les yeux. Le duc de Charost mourut en 1820. Une souscription fut ouverte en Berry par la reconnaissance pour lui élever un monument : C'est un obélisque en pierre. Il fut construit dans le jardin de l'archevêché à Bourges ; on l'y voit encore aujourd'hui. Le duc de Charost est enterré dans la chapelle de Meillant. Un fils qu'il avait eu d'un premier mariage avait péri en 93 sur l'échafaud. N'ayant pas eu d'autres enfants, il laissa sa grande fortune à sa veuve Henriette de Tours, duchesse de Charost.

Meillant resta une trentaine d'années, au moins, sans être habité, ce qui explique l'état fâcheux de délabrement dans lequel le château était tombé. Dix années plus tard la chapelle se serait écroulée probablement, ainsi que les différentes parties du bâtiment.

En 1837, la duchesse de Charost mourut. Elle laissa par testament sa terre de Meillant à sa nièce Virginie de Sainte-Aldegonde, duchesse de Mortemart. Elle et son mari, le duc de Mortemart, comprenant la valeur d'un pareil legs et le service qu'ils rendaient aux arts en conservant un aussi beau monument, décidèrent, en 1842, sa troisième restauration. Elle fut confiée au talent de M. Le Normand, architecte aussi consciencieux que distingué.

Meillant aujourd'hui consolidé, restauré et, comme le phénix, renaissant de ses cendres, traversera encore plusieurs siècles, c'est le vœu bien sincère que forment ses admirateurs et tous les amis des arts[1].

La restauration intérieure aussi bien que la restauration extérieure ont été faites avec le meilleur goût. Ce qui frappe surtout, en entrant dans le château, c'est la vaste

---

[1] Ces notes ont été puisées dans les archives de Meillant.

salle des gardes, entièrement ornée des armes et armures du vieux temps. De nombreuses hallebardes et piques placées et rangées tout le long des murs offrent un coup d'œil réellement imposant, en même temps qu'il rappelle l'esprit guerrier des chevaliers d'autrefois.

On remarque également trois cerfs dix cors de grandeur naturelle portant tous les trois au cou les attributs de la vénerie et les armes des personnages de l'époque qui se livraient à ce sport. Les premiers sont ceux de Louis XII et de sa femme Anne de Bourgogne, les seconds appartiennent aux Chaumonts.

De tout temps, paraît-il, la chasse a occupé une large place dans l'esprit et le cœur des grands seigneurs du Berry.

M. le duc de Mortemart a voulu faire revivre les événements les plus remarquables qui se sont passés antérieurement à Meillant. Parmi les plus curieux il en est un qui mérite d'être rapporté. La vaste forêt du domaine de Meillant, d'une étendue de plus de dix mille hectares, appartenait anciennement aux seigneurs de Meillant, de Mont-Rond et de Bruère. Une table triangulaire en pierre placée à l'extrémité de leur commune, à angle aigu de leur propriété respective, aboutissant au même point, permettait aux trois personnages de pouvoir se réunir autour de ladite table pour traiter sur leur fauteuil de granit attaché sur leurs terres, les questions qui les intéressaient.

Ce fut là, sur cette table, appelée table des trois seigneurs que se décida une partie diabolique entre les trois notabilités qui ne pouvaient s'entendre pour la chasse.

La scène représentée sur la toile montre deux seigneurs,

assis sur leurs siéges et l'autre debout, le châtelain de Meillant, ayant chacun leur équipage de vénerie derrière eux,
jouant d'un coup de dés sur la table légendaire à qui appartiendra la forêt de Meillant.

L'attitude fière du seigneur de Meillant indique qu'il fut
favorisé par le sort. Il put par suite donner pleine et entière satisfaction à ses goûts cynégétiques.

Plus tard, un magnifique rendez-vous de chasse fut construit au milieu de la forêt du domaine de Meillant à la Croix-
Maupiou. Il se compose de deux pavillons distants de 25 à
30 mètres l'un de l'autre et dans lesquels le commode et le
confortable ont été parfaitement ordonnés et organisés. A
côté des communs immenses, une halle dans laquelle on
peut mettre chiens et chevaux en grand nombre.

M. le duc de Mortemart, devenu propriétaire de la terre
de Meillant en 1837, comme je l'ai dit plus haut, fit la gra-
cieuseté de sa chasse à M. le marquis de Beaucaire et mit
les pavillons de la Croix-Maupiou à sa disposition. Les ordres les plus rigoureux avaient été donnés à seize gardes
sous la direction d'un régisseur dévoué, M. Cordier, pour
la conservation du gibier. Aussi dire la quantité de bêtes
noires et de fauves qu'il y avait dans cette masse de bois de
plus de vingt-mille hectares est impossible. Dans toutes les
lignes on ne voyait que pieds de sangliers et de compagnies
nombreuses, les traces de solitaires et de grands loups.

Plusieurs gardes s'étaient plu à baptiser les vieux grands
sangliers qu'ils avaient l'habitude de voir par corps et par
pieds, de différents noms antiques et plaisants. L'un César,
parce que depuis plus de dix ans qu'ils en avaient connaissance aucun chasseur n'avait pu le prendre. L'autre Pacha

à cause de son paroi blanc. Un troisième Fieschi, parce qu'il était traître et terrible pour les chiens qui l'approchaient.

Les chasses de M. de Beaucaire avaient lieu anuellement fin mars. Elles commençaient les plus premiers jours d'avril. Cette époque était la plus convenable. Elle était choisie de préférence par le Grand Maître par la raison que la forêt se trouve dans une vaste plaine, sur un terrain argileux, très-humide, qui conserve l'eau et rend la chasse très-difficile, pour ne pas dire impossible, pendant l'hiver. Au mois d'avril, par des années mouillées, les chevaux s'enfoncent dans les allées et chemins jusqu'aux sangles ; en hiver, ils y resteraient. On ne peut suivre la chasse le plus souvent qu'au pas. Il existe des cantons de plus de deux hectares d'épines noires, sans chemins, ni lignes qui sont impénétrables à cheval. Il faut donc être veneur très-courageux et intrépide pour faire la guerre aux sangliers, dans cette vaste forêt si silencieuse et si sauvage.

Invité par M. de Beaucaire, M. L. C.... dont je parlerai à un chapitre spécial, qui possédait un brillant équipage, et moi, nous nous faisions une grande joie d'accompagner notre ami à la Croix-Maupiou.

Un garde habite un des pavillons du rendez-vous de chasse ; il nous procurait les approvisionnements nécessaires aux hommes et aux chevaux, et la diligence de St-Amand à Dun-le-Roy, qui passe à la Croix-Maupiou, nous emportait chaque jour les provisions dont nous avions besoin. Le 1er avril 1858, nous étions ainsi installés.

Le garde du nom de Payen, était un homme d'une cinquantaine d'années, enfant du pays, porteur d'une phy-

sionomie intelligente, mais sévère. Son grand empressement
à répondre aux questions et demandes que nous lui faisions,
nous montrait qu'il avait reçu les ordres les plus bienveillants
à l'adresse de M. de Beaucaire et de ses amis.

Pensant avec raison nous être agréable, Payen nous ra-
conta l'histoire d'un sanglier monstrueux surnommé
César qui était ordinairement cantonné dans les bois d'Arfeuilles et de plusieurs autres très-gros, près de la Croix-
Maupiou.

Très-intrigués nous nous décidâmes à faire rechercher le
pied de César et de le chasser avec les deux équipage réunis
qui formaient un total de cent vingt-cinq chiens.

Ordre avait été donné au garde de la forêt, par le régisseur de Meillant, d'assister aux chasses de M. le Mⁱˢ de
Beaucaire et de lui rendre les services qu'il pourrait ré-
clamer.

Tous étaient enchantés d'avoir occasion de fusiller les
bêtes noires et d'être témoins de chasses aussi exceptionnellement belles. Les gardes se rendaient donc tous les jours
de chasse à la Croix-Maupiou, faisant le bois en venant. Il
est impossible de dire combien leurs rapports étaient intéressants et la satisfaction des chasseurs et des veneurs en
les entendant! L'un avait un sanglier qui marquait aussi
large qu'un veau de dix mois, un autre un vieux sanglier
qui devait peser au moins quatre cents livres, un troisième,
jamais chasseur n'avait vu pareil pied, etc.

Le lecteur peut penser si nous étions joyeux !...... Chez
moi la gaîté se manifestait jusque dans mes bottes !......
Les piqueux allaient reconnaître les brisées, puis nous montions à cheval pour nous rendre au rendez-vous.

Le change était la question qui nous préoccupait, et il y avait lieu en effet de s'en inquiéter.

Arrivés à la brisée d'un pied monstre, on découple comme d'habitude les vaillants chiens d'attaque : Domino, Ténébro, Grisonneau et Chalangeau ! Certainement jamais veneur n'a possédé meilleurs chiens ! Ils empaument la voie ! Leur forte gorge se fait entendre ?... Celle de Domino ressemble à celle d'un chien qui se noie, et excite chez tous une vive satisfaction. — Il n'y a que les fervents disciples de Saint-Hubert qui puissent comprendre ces émotions que la plume ne peut décrire !....

Un instant après les abois se font entendre !... Les piqueux essayent d'entrer au fourré et, après de longs et impuissants efforts, déclarent aux maîtres d'équipage leur impossibilité d'avancer.......

Le sanglier accoutumé à être maître.... ne bouge pas... les chiens, qui eux aussi connaissent tous les tours du métier, soutiennent les abois avec autant d'acharnement que de courage..... (Pour les maîtres et pour les chasseurs, ces moments sont réellement émouvants !)

Le grand maître veneur, après avoir exprimé son mécontentement à son piqueux, entre au bois en donnant ordre de découpler les chiens du Relais ! Nous entendons aussitôt les branches plier, craquer, et la voix furibonde de notre ami soutenir ses braves chiens !... Jamais, certainement, attaque et moments n'ont été plus intéressants ? Un énorme sanglier qui ne veut pas partir !.. Des chiens qui tiennent bon !... et des chasseurs qui ne peuvent percer au fourré !.... Mais nous savons tous que le Roi des chasseurs est là !....

que le sanglier partira bon gré mal gré ! aussi tous les yeux brillent d'émotion et de contentement... Les chiens du relais qui étaient hardés près de là, arrivent. Ils prennent le pied du cheval de leur maître et se rallient aux chiens d'attaque ! Le bruit des abois augmente d'instant en instant ! Mais le solitaire est un vieux brave, paraît-il. Il résiste et soutient l'attaque de ses ennemis qu'il brise parfois en leur arrachant des cris déchirants !... C'est que l'approche n'est pas facile, non plus le concert des forces des assaillants. Les plus hardis et les plus courageux qui affrontent le brutal animal succombent sous ses coups : Le bruit des abois et la voix formidable du grand maître rappellent parfois certains éclats de tonnerre qui causent le frisson !.... Un coup de feu retentit !....... Puis un autre............ Nous connaissions tous les ruses de guerre du Marquis et sommes bien certain que le paroi du solitaire est intact !.... En effet, nous entendons peu après la plus belle menée que jamais chasseur ait pu entendre ! L'animal chassé à vue et aux abois courants !.... A entendre la musique on croirait qu'il y a plutôt 200 chiens que 120 !.... — Ah ! jeunes chasseurs, ne demandez et ne cherchez jamais à entendre et à voir ces émouvants sports ! ces laisser-courre entraînants ! ces abois électrisants, et ces hallalis furibonds, qui transportent et enivrent le veneur !............

L'animal qui, dans ces terrains mouvants, s'enfonce jusqu'au ventre, donne tout l'avantage aux chiens ! Mais de la taille d'un Baudet, son paroi épais et ferme lui permet de résister et de se défendre des attaques de l'ennemi ! Le laisser-courre continue et dure en branle-bas roulant plus d'une heure !... N'en pouvant plus, le redoutable solitaire fait fort! la bataille s'engage, elle est aussi acharnée qu'épouvantable...

M. C..... et moi suivions la chasse de très-près et au premier signal de combat nous nous précipitons au fourré, la tête collée au cou de nos chevaux et l'éperon au flanc, nous perçons un instant, mais bientôt nos coursiers s'arrêtent et tournent sur place sans pouvoir avancer! Nous mettons pied à terre et marchons sous bois aussi rapidement que possible. Nous n'étions plus qu'à une faible distance de la bataille lorsque nous entendons un coup de carabine!... puis les cris des chiens qui mordent de rage le solitaire! Nous approchons et trouvons notre ami de Beaucaire examinant avec une animation et satisfaction indicible le monstrueux animal!... Ses défenses étaient très-larges et les bouts brisés, les grés ronds et émoussés — signes de vieillesse. —

Nous nous hâtons d'accoupler les chiens et les sortir du fourré pour faire la curée chaude. Arrivés à une grande ligne, les troupes sonnent de nouveau l'hallali, le sanglier est décousu, le fouail est fait aux chiens, l'ensemble représente un tableau charmant.

Les gardes qui ont pu suivre, font des rapports très-intéressants, l'un a vu plusieurs compagnies de sangliers de toute taille et de toute couleur!... Un autre a tué deux ragots! un troisième une bête de compagnie! etc...

Nous rentrons à la Croix-Maupiou au son des trompes, heureux de notre succès.

Après le dîner, les plus jolis airs de musette ont égayé la soirée.

Le lendemain, le *Défunt*, accompagné de quelques-uns

des siens, partait pour le Château de Meillant à l'adresse
des bons châtelains avec un petit mot ainsi conçu :

« Monsieur le Duc,

 « J'ai cueilli hier quelques beaux fruits dans votre splen-
« dide forêt. Je vous prie de les recevoir et d'agréer l'expres-
« sion de mes sentiments les plus dévoués.
 « Je mets aux pieds de Madame la duchesse de Mortemart
« l'expression de mes hommages les plus respectueux.

« Signé : Mis de Beaucaire. »

Le jour suivant notre ami recevait une charmante panière
avec un petit mot de M. le duc de Mortemart, que j'ai
sous les yeux en ce moment et que je copie textuellement :

 « Sous le patronage de Du Fouilloux, notre maître en vé-
« nerie, le seigneur de Meillant prie le seigneur de la
« Croix-Maupiou d'accepter ce harnais de gueule vulgai-
« rément appelé pâté de lièvre et de volaille.
 « Mme de Mortemart vous remercie de votre charmant
« envoi qui a fait bien des heureux dans le bourg de
« Meillant ! etc...

« Signé : Duc de Mortemart. »

Le surlendemain de cette émouvante chasse, M. de Baucaire, M. C..... et moi, accompagnés d'un garde, nous fîmes
une promenade en forêt, à la recherche de traces de sangliers. Nous vîmes et examinâmes avec un plaisir inexpri-

mable ces belles futaies deux et trois fois séculaires, ces grandes lignes à perte de vue! et partout des pieds de bêtes noires de tout âge et de toute taille?...

Le vrai et fervent veneur, qui s'est plu parfois à faire des rêves enchanteurs et a vu dans son ardente imagination de grandes et merveilleuses choses, en trouve la réalité dans cette vaste et magnifique forêt! avec cette différence toutefois que ce qu'il a pu se figurer est incomplet, et imparfait tandis que ce qu'il voit de ses yeux est l'œuvre admirable du créateur qui n'a rien oublié et tout mesuré...

Nos yeux s'élèvent souvent au ciel, dans le cours de notre promenade, pour remercier Dieu de favoriser si largement nos gouts cynégétiques! aussi est-ce avec l'esprit et le cœur joyeux que nous reprenons le chemin de la Croix-Maupiou avec l'intention de faire une nouvelle chasse dans ces mêmes cantons, aussitôt que les hommes et les chevaux seront remis de leurs fatigues?

En passant dans une des lignes des bois noirs, nous nous découvrons devant une croix de pierre portant une plaque de marbre sur laquelle on lit :

« Quand au bois, ventre auras
« Et qu'à balles chargeras
« Devant derrière tireras
« Car de de flanc ricocheras
« Et ton compagnon tueras. »

L'historique de cette croix est entouré d'un voile sombre et mystérieux que personne n'a osé soulever!..... et dont dont je ne parlerai moi-même qu'avec réserve et discrétion! Il suffit que le lecteur sache que Bance fut un piqueux émérite, à feu M. de Saint-Aldegonde, qui fut tué en chasse, en 1842 par un nommé Charleville, piqueux de M. le prince d'Arembert.

— Ce pieux souvenir porte le nom de la croix Bance, il a été dressé par le propriétaire de Meillant dans un but très-louable pour engager les chasseurs à la prudence et préve-nir semblables accidents. —

En rentrant au pavillon de chasse, quelle ne fut pas notre surprise de trouver un des gardes de la forêt, nommé Laus-sedat, qui nous affirma avoir reconnu le pied de César dans le canton des Buchailles, du côté précisément d'où nous venions... ordre est aussitôt donné aux valets de li-miers et aux gardes de rechercher la curieuse bête et de venir nous prévenir dès qu'on en aura connaissance, afin de se mettre en mesure de faire les honneurs dus à sa distinc-tion et à son ancienneté. .   .   .   .

Le lendemain il était huit heures à peine que le même garde vint nous annoncer qu'il avait retrouvé les pieds de César, sortant et rentrant, dans le même carrefour que la veille et que le valet de limier de Charles le suit. .   .   .

Dire la joie et le contentement de tous est difficile !.....
Nous nous hâtons donc de préparer le départ pour l'atta-que !

Il était onze heures à peine, Charles se présente avec son beau limier, commandeur !

Charles est extrêmement animé ! Il a mis son animal de-bout, dit-il, parce qu'il était en compagnie ? Il en a fait suite et l'a laissé dans les forts de Verneuil ! Et il ajoute qu'il sera difficile d'empêcher les chiens de faire plusieurs chasses, parce qu'il y a beaucoup d'animaux sur pied !.....

Nous montons tous à cheval et partons avec les deux
équipages pour harder les chiens près de la brisée!... Aussitôt après les chiens d'attaque sont mis sur la voie! Tous
les chiens sont ensuite découplés et rallient en faisant un
tapage infernal!... Le laisser-courre commence. Nous cou-
rons sur les devants de la chasse et nous apercevons *César*
traverser une ligne!... Il est réellement de la taille d'un
mulet!...

Les chiens sont à peine à deux cents mètres derrière!...
Mais nous remarquons qu'il n'y a qu'une partie des chiens!...
une cinquantaine à peu près!... une autre chasse s'en va
dans une autre direction!. . . . .

Le grand maître veneur, qui voulait, sans doute, avoir le
plaisir de faire les honneurs à lui seul au redoutable solitaire, nous prie de suivre la seconde chasse?. . . . .

Comprenant bien son idée et son but et ne voulant pas
le contrarier nous nous empressons de nous rendre à son
désir! Mais! avec une arrière-pensée!. . . . . . .

Nous commençons aussitôt par nous rendre compte du
pied de l'animal chassé par une soixantaine de chiens à
peu près! Nous reconnaissons à notre grande surprise qu'il
est digne d'être couru!..... Qu'il soit César ou Auguste!...
Nous renonçons à notre projet de rompre les chiens après
leur premier feu jeté, et de rameuter aux chiens d'attaque!..... Nous suivons donc cette chasse, aidés seulement
de deux valets de chiens de M. C.....

La chasse prend la direction des Lochères et des Pamo-
ras, se fait rebattre dans les bois des Riperous! Les chiens
sont bien ensemble et leurs cris aigus nous font comprendre que l'animal n'a pas d'avance!. . . . .

Après trois grandes heures d'un courre admirable, l'animal se donne aux chiens !..... L'hallali courant commence et se prolonge pendant un quart d'heure environ !.... Puis les abois, dans un grand perché !... Nous filons sous bois aussi rapidement que possible pour assister à la bataille !... En arrivant !... que voyons-nous ??? . . . .

. . . . . . Un sanglier de la plus belle taille !... complétement blanc !... armé de longues et larges défenses et, acculé à un arbre, se défendant avec autant de courage que de fureur !... La gueule toute grande ouverte de chaque côté de laquelle l'ivoire brille !... Le sol, jonché de ses victimes, présente un tableau saisissant, effrayant out à la fois ! . . . .

M. C......, qui n'aime pas le fusil et n'en porte jamais, à ses chasses, veut bien me laisser le plaisir de servir ce magnifique animal !... Je m'avance donc doucement, me dissimulant de mon mieux et saisissant le moment propice, j'envoie une *prune* derrière l'écoute de ce solitaire étrange !... il tombe comme foudroyé. . . . . . .

Le lecteur peut penser si nous fûmes heureux et joyeux d'un aussi beau succès ! . . . .

Ce n'est qu'en l'examinant que nous nous rappelâmes que c'était le sanglier blanc baptisé du nom de Pacha !...

Pacha, à cause de son magnifique paroi...

Après la curée chaude, nous reprenons tranquillement le chemin de la Croix-Maupiou !... Nous trouvons en arrivant notre ami qui venait de rentrer ! . . . . . .

Nous comprenons de suite que le grand maître a dignement fait les honneurs à César ! . . . .

En effet, il arrive porté à dos de mulet conduit par un bûcheron !.....

L'animal est énorme, tout gris. Il mesure plus de deux mètres de long. Il est miré ! contre miré..... C'est un animal curieux sous tous les rapports !...

Il est déposé au milieu de la cour en face l'entrée.....

Après un instant de silence !..... Nous racontons que nous avons pris également le sanglier de la seconde chasse !... Mais, voulant ménager une surprise piquante à notre ami, nous lui laissons ignorer les détails du laisser-courre et de l'hallali ! . . . .

— Bien que notre brave camarade fût doué de qualités inappréciables, comme je l'ai déjà dit, il ne pouvait se défendre d'un sentiment d'excessive jalousie sportive ! Il fallait donc agir avec autant de perspicacité que de circonspection pour ne pas froisser sa grande susceptibilité ! Cependant un peu blessé du procédé du matin, je me faisais un secret plaisir en le complimentant de sa réussite, de voir l'effet qu'allait produire l'apparition du superbe et curieux sanglier blanc ! . . . .

Tout à coup on entend les trompes des hommes de l'équipage de M. C..... sonnant l'hallali et la rentrée des princes...

Veneurs et chasseurs apparaissent aussitôt dans la cour de la Croix-Maupiou !... Le garde Payen en examinant l'animal, ne se doutant de rien, dit : « Le diable m'emporte, je crois que c'est le grand sanglier blanc si extraordinairement beau !... Dieu ! quelles défenses ! . . . .

Les yeux du grand maître veneur jettent le feu !... ses lèvres blanchissent et se crispent !... un son rauque et comprimé s'échappe de sa poitrine..... pour mon compte je crois sage d'aller allumer un cigare chez le garde... afin de laisser passer le moment de contrariété !..... M. C..... fait signe à ses hommes d'emporter bien vite l'animal dans la halle !... heureusement une diversion se produit : neuf gardes arrivent amenant sur une petite voiture cinq sangliers tués dans le courre de la chasse... Tous se réunissent autour de Cesar !... C'est à qui complimentera monsieur le marquis !... Leurs brillantes et flatteuses réflexions calment tout, et la gaîté de nos soirées reprend, comme de coutume, son entrain.

— Le grand paroi de César orne aujourd'hui le grand salon de Meillant !

Et celui de Pacha, le musée de chasse de M. C....., à Saint-Guand-Devaux. (Allier) —

Suiv. Général de Vaux

Un mot sur l'origine des sangliers blancs.

M. le duc de Mortemert tirait annuellement un très-grand revenu de ses ventes de bois, mais encore de la glandée qu'il affermait un prix relativement très-élevé ! Les fermiers mettaient jusqu'à dix mille cochons dans les futaies. On comprend facilement, qu'avec un aussi grand nombre de ces animaux et la quantité de sangliers qui se trouvaient dans cette vaste forêt, il put se produire fréquemment des accouplements soit de porcs avec les laies, soit de sangliers avec les femelles porcines. Aussi n'est-il pas rare de voir dans la forêt de Meillant des sangliers roux, d'autres blanchâtres qui deviennent complétement blancs en vieillissant.

Le bruit de nos succès et de nos brillantes chasses se répandit jusqu'à Moulins!... Les veneurs du Bourbonnais ne pouvaient rester sourds et indifférents aux récits de ces joyeux sports cynégétiques. Aussi vîmes-nous venir certain soir Louis Besson nous annonçant l'arrivée de MM. Cte A des Roys, de Chavagnac, de Lajolivette, de Brughiat, du Cte Bouty, avec leurs équipages, afin de partager le plaisir des chasses de Meillant avec le grand veneur de la Croix-Maupiou et ses amis.

Le lecteur peut penser l'entrain qu'il y eut à leur arrivée au rendez-vous de chasse de la Croix-Maupiou. Il fut décidé, vu le grand nombre de sangliers et pour ne pas perdre un temps précieux, qu'on chasserait tous les jours, mais avec un seul équipage, afin de laisser à chacun le mérite et l'honneur qui lui revenait de droit.

Tout marchait à merveille, les équipages prenaient régulièrement leur sanglier, veneurs et chasseurs étaient satisfaits, à l'exception de Louis Besson qui n'était pas très-content, ayant une nombreuse remonte de jeunes fox-hounds qui n'étaient pas dans la voie de la bête noire comme il le désirait.

Un jour l'équipage de M. C..... chassait un grand vieux sanglier qui, après deux heures de chasse, fut mis à l'hallali courant tout près de la Croix-Maupiou! . . . .

Louis était aux écoutes depuis longtemps.

. . . . . . En deux bonds il court ouvrir la porte du chenil dans lequel se trouvaient réunis les équipages bourbonnais, et qui, avec celui de M. C..... formaient un total de trois cent-trente chiens! . . . .

Le lecteur peut penser le carillon diabolique que firent tous ces équipages réunis. . . . .

Le malheureux sanglier fut dévoré vif par tous ces enragés au son de quinze trompes annonçant son trépas. . .

Quel tableau et quelle surprise!... éprouvèrent tous les veneurs et chasseurs qui ne s'attendaient pas à pareille fête!

On a parlé et on parlera longtemps de l'hallali des 330 de la Croix-Maupiou dont le vacarme infernal fut entendu à plusieurs lieues à la ronde!

Ce charmant déplacement s'est terminé par une chasse exceptionnellement belle et curieuse! M. de Beaucaire en fut le héros!

La veille de notre départ, un quartenier est attaqué dans a forêt de Boire par les deux équipages réunis de M. de Beaucaire et de M. C..... Il se fait chasser pendant trois grandes heures pendant lesquelles le laisser-courre procure aux chasseurs les plus agréables émotions! Poussé très-vivement par les chiens, il debuche en plaine dans la direction de Meillant. Aperçu par les veneurs et par les piqueux, il est chargé pendant trois kilomètres dans une plaine admirable par douze chasseurs et cent-vingt chiens qui lui soufflent le poil!... M. de Beaucaire galoppe à ses côtés et au moment de rentrer au bois, il lui plante son couteau de chasse entre les côtes et le laisse se sauver avec son arme! . . . .

Peu après il est porté bas par les chiens!

Il est impossible de voir un plus beau débucher et une chasse plus charmante.

Ainsi s'est terminé notre déplacement de l'an 1858. Je souhaite pareille fête à tous les vrais veneurs.

VI

Si la forêt de Meillant est extrêmement belle et exceptionnellement peuplée en fauves et bêtes noires, cela tient à la
sévérité des ordres donnés aux gardes pour la conservation du gibier, par les propriétaires de la forêt tels que
MM. les ducs de Mortemart, de Narbonne, de Rivière, duchesse de Maillé, M. de Bonneval, et autres qui avoisinent
et tiennent énormément à leurs chevreuils.

Malgré cela, il n'est pas d'exemple qu'aucun de ces bienveillants propriétaires ait jamais sévi contre un chasseur,
même contre un braconnier qui aurait pu tuer un sanglier
ou un loup. Tous considèrent ces animaux comme nuisibles
et malfaisants, et ils ne sont jamais plus heureux que lorsqu'on leur apprend leur destruction. La crainte seule de
voir abuser des permissions qu'ils pourraient autoriser les
fait abstenir d'en donner à tous.

Il résulte donc de cet état de chose que les animaux sauvages sont en grand nombre dans cette immense masse de
bois. Et il est un usage singulier pratiqué par tous les ri-

verains des bois de Meillant, c'est d'aller tous les soirs à
l'affût des sangliers sur la bordure de la forêt dans les
champs fréquentés par ces animaux. Fort habiles à se
poster et à se placer sous le vent, les affuteurs tuent chaque
année un grand nombre de bêtes noires de toute taille et
de tous âges ! Les étrangers qui arrivent dans ces pays là,
sont invités à aller le soir à l'affût des sangliers absolument comme s'il s'agissait d'une partie de plaisir et d'agrément exceptionnel. Si ces guet-à-pens ont toujours eu un caractère abominable, ils font exception dans ces circonstances, car il est certain que sans ces moyens, les récoltes
des cultivateurs riverains de la forêt seraient complétement
ravagés et détruites par les sangliers.

Ces animaux sont extrêmement méfiants lorsqu'ils sortent des bois, ils n'avancent dans les terres qu'avec une
grande appréhension ! La faim seule les pousse ! Mais au
bois ils le sont beaucoup moins, on les entend fréquemment,
certaines nuits, grogner et se battre en poussant des cris
aigus, il est des braconniers qui en tuaient et en tuent d'une
manière fort curieuse dans les futaies de Meillant.

Attirés le soir par le bruit qui signale leur présence, soit
en cherchant leur nourriture soit en se disputant les laies, les
affuteurs marchaient courbés sous le vent, coulant d'arbres
en arbres et réussissaient presque toujours à approcher ces
animaux d'assez près pour les tuer sûrement, ce dont ils se
faisaient gloire. attendu qu'ils tuaient presque toujours de
gros sangliers.

Certain soir de décembre, il y a vingt-cinq ou vingt-six
ans de cela, deux camarades intimes Bellier et l'Escot, du
village d'Uzay, partirent au clair de lune pour aller à l'affût

des sangliers dans la forêt de Meillant! Arrivés au bois ils prirent une direction opposée à travers ces futaies si sombres et si vastes?

Il faisait grand vent, paraît-il, ce soir là, les laies étaient en rut et on entendait des batailles de sangliers de différents côtés!

Un des braconniers, après bien des tours et des détours, était parvenu à approcher une compagnie de bêtes noires! Bellier enveloppé d'un burnous noir à capuchon, marchant sur la paume des mains et le bout des pieds de manière à imiter l'allure d'une d'elle. Il était parvenu à approcher de très près, un groupe de sangliers? Il s'arrête! Et mettant l'arme à l'épaule il ajuste et vise le plus gros de la bande!..... Un coup de feu retentit!..... Et le malheureux Bellier tombe foudroyé!... C'était l'Escot qui, caché derrière un chêne, avait tiré le prenant pour un sanglier!...

Une fatalité inouïe avait réuni au même point les deux amis qui s'étaient séparés trois heures auparavant.

Cet événement jeta la consternation dans tout le pays et pendant plusieurs années les braconniers n'osèrent plus s'aventurer la nuit au clair de lune dans les forêts de Meillant.

Légende d'un terrible sanglier de Meillant. Mort d'un courageux braconnier. Mariage du célèbre valet de limier Babillot.

Comme je viens de le dire au chapitre précédent la grande quantité de sangliers que renfermait la forêt de Meillant donnait aux braconniers et aux gens des contrées voisines la tentation continuelle de leur faire la guerre !

Près de Meillant, et non loin de la Croix-Maupiou, est situé un village qui porte le nom d'Uzay-le-Venon. C'est là que, en 1856, demeurait un brave cultivateur qui avait réussi par son labeur à acquérir une petite propriété. Il se nommait Jean Sadrin. Il avait une grande et belle fille de dix-huit ans, brune aux yeux noirs. Elle était recherchée par tous les cultivateurs du pays. Le père Sadrin adorait sa fille. Doué d'une force physique peu ordinaire, il entreprenait souvent les plus rudes travaux et se plaisait à obliger et à rendre service aux personnes embarrassées, aussi était-il très-aimé et respecté.

Pendant les veillées d'hiver, la jeunesse du pays se réunissait souvent chez le père Sadrin dans le but évident de faire la cour à sa fille et c'était à qui plairait à Jeanne et à son père. Jeanne était très-flattée du nombre de ses prétendants, mais, elle se trouvait fort embarrassée pour jeter son dévolu ! Parmi eux ! Il en était un cependant, grand et solide gaillard qui paraissait lui plaire plus particulièrement que les autres. C'était un des plus intrépides et des plus hardis chasseurs de sanglier du pays. Beaucoup enviaient la préférence que Jeanne semblait lui accorder. Il se nommait Henri Picard. Il avait dressé, à la chasse des sangliers, un mâtin de grande taille, en l'excitant d'abord contre les blaireaux qu'il faisait piller, ce qui l'avait rendu très-mordant. Plus tard il l'avait mis au sanglier et le chien fort leste les aboyait, feignait de se jeter sur eux lorsqu'ils faisaient mine de partir et par ses attaques et assauts incessants il mettait l'animal sur la défensive et le contraignait à

faire tête !... Son maître alors s'avançait doucement sous
le vent, et réussissait le plus souvent à approcher et à tuer
l'animal. Aussi le plus grand nombre des chasseurs et braconniers, parlaient avec envie des succès étonnants de Picard, car tous savaient que tuer un grand sanglier n'était
pas chose facile et que pour réussir il fallait être leste et
courageux et se posséder complétement dans le danger.

A la joie que Jeanne manifestait chaque fois qu'on par-
ait de Picard et de son habileté pour tuer les gros sangliers, on voyait qu'elle éprouvait un secret sentiment de
tendresse pour lui ! et l'heureux chasseur ne l'ignorait pas,
car l'expression de ses yeux disait le bonheur qu'il éprouvait de ce sentiment caché.

Certain jour de décembre, des charbonniers qui cuisaient
dans la forêt de Meillant, rencontrèrent Picard allant au
bois et lui dirent qu'ils avaient vu le matin un énorme sanglier rentrant dans les fonds d'Arfeuilles. A cette nouvelle
Picard bondit de joie en disant : Je vais le guérir du mal
de dents ! Le bouillant chasseur voyait déjà dans son imagination un succès de plus à enregistrer à son profit et
l'occasion de plaire à sa belle en lui offrant l'ivoire dangereux du solitaire !

Comme l'endroit où avait été vu le sanglier était proche,
Picard s'empresse d'aller reconnaître le pied et après s'être
assuré de la vérité, il s'empresse d'aller chez lui prendre
son fusil et son chien. Mais le bois dans lequel se trouvait
l'animal appartenait à M. le duc de Mortemart, il dissimu-
la de son mieux son arme sous sa blouse en se mettant en
quête du solitaire ; Après avoir fait plusieurs enceintes suc-

cessives raccourcissant toujours l'espace, il finit par s'assurer du fort dans lequel se trouvait la bête noire ! et pour me servir d'une expression du pays il l'*enceintrait* de court dans un fourré très-épais.

Toutes ses dispositions prises, il lâche son excellent chien, qui déjà avait eu vent de l'animal et tirait sur le collier ! aussi en quelques bonds il perce à la Bauge !... et ses abois répétés, annoncent qu'il a à faire à un redoutable ennemi !... Le hardi chasseur s'approche !... Mais impossible d'apercevoir le solitaire caché dans des fourrés de ronces, d'épines et de hautes bruyères... La position était embarrassante ? et l'eût été à moins ?... après s'être posté dans l'espoir de tirer l'animal au passage et pour le faire partir il excite son chien de la voix pour l'encourager à mordre ?... Lorsque tout à coup le sanglier sort furieux de son repaire et sans donner au chasseur le temps de se reconnaître, fond sur lui, avec la rapidité de la foudre, lui ouvre le ventre d'un coup de boutoir, et se sauve..... Picard a poussé un cri de détresse si déchirant qu'il est entendu par un des charbonniers, qui avait suivi le chasseur par curiosité.

Pressentant bien qu'il était arrivé malheur ! il s'empresse d'accourir ! Il trouve le malheureux jeune homme gisant sur le sol, et qui n'eût que la force de prononcer ces dernières paroles : « Dis à Jeanne que ma dernière pensée est pour elle et qu'elle prie Dieu pour moi !..... Et il rendit le dernier soupir !.....

Le charbonnier, terrifié, court au village annoncer la triste fin du pauvre Picard et chercher une civière pour ramener son corps.

Jeanne en apprenant la terrible nouvelle fut en proie à

une vive émotion qu'elle eût peine à contenir ! Pâle et fré-
missante : Elle s'écrie ! Je donnerai ma main à celui qui
tuera l'horrible bête !.....

Tous les habitants du village furent consternés de la fin
tragique du malheureux jeune homme, sa vieille mère surtout était inconsolable !... ainsi tous les gens de la contrée
voulurent-ils assiter à ses funérailles dont Mme la duchesse
de Mortemart, toujours si bonne et si charitable, tint à faire
les frais, feue son excellente fille, Mme de Sainte-Aldégonde,
qui avait perdu son mari qu'elle adorait par le fait
d'un accident de chasse, prodigua elle-même les con-
solations les plus touchantes à la pauvre mère.

Peu de temps après ce terrible événement, un préten-
dant de Jeanne partait pour les bois de Meillant avec le
chien de feu Picard, qu'il s'était attaché, à la recherche de
l'horrible bête, comme l'avait surnommée la belle fille !...

Babillot, jeune, timide, mais très-robuste et très-courageux, peu communicatif par nature, gardait pour lui
ses succès et ses déconvenues, mais il agissait toujours.
Elevé depuis son bas âge dans les bois et accoutumé aux
fatigues journalières et aux plus rudes travaux, il était
homme d'entreprise ! fort habile tireur et passionné pour la
chasse, et de plus amoureux fou de Jeanne, il s'était promis d'apporter à sa belle la tête du sanglier qui avait
éventré Picard !

Un matin donc du mois de février 1852, il était en quête
dès l'aube des traces du redoutable solitaire ! Il avait déjà
passé et repassé vainement plusieurs fois dans les demeures
qu'il avait l'habitude de fréquenter, lorsque ce jour-là il reconnaît un long et large pied, se tardant dans ses allures et de

plus, pigache ! Il n'y avait pas de doute à avoir, c'était bien le féroce animal ! ayant la hûre dirigée sur les fourrés dans lesquels l'avait rencontré feu Picard !

Prenant résolument son parti, Babillot suit ses traces, fait ses enceintes et le rembuche de court ! Puis..... Étudiant la position, il se place *au dessus du vent* et lâche le chien qui se débattait comme un possédé.....

— Si l'amour est brave et ingénieux, il est prudent également parfois, paraît-il. —

Babillot saute aussitôt sur une branche d'arbre de manière à se garer de toute surprise de l'ennemi ?... Et là, dans cette position il excite le chien comme avait l'habitude de le faire son ancien maître ! oh oh ! tiens bon Légaré ! hardi mon vieux : oh oh ! tiens bon, là-haut !

Le chien vivement appuyé, crie et aboie l'animal de rage ! Le chasseur *braille* toujours de toute la force de ses poumons !... Tout à coup les cris du chien redoublent ! se dirigeant du côté de l'arbre sur lequel est perché l'amoureux !..... L'animal en fureur s'arrête au pied, cherchant l'ennemi ? faisant claquer *ses castagnettes* !... Babillot, tenant son arme d'une main approche rapidement le canon des écoutes du sanglier et prompt comme l'éclair, presse la détente ! le coup part et l'horrible bête tombe raide morte.....

Aussitôt, l'habile tireur ! saute à terre pour jouir à son aise de sa ruse et de sa victoire ?.....

Mais, au milieu des pensées qui l'assaillent, il en est une qui le violente... celle qu'on peut prendre la tête de la bête noire, qu'il a promis d'apporter à Jeanne pendant qu'il ira chercher une voiture au village ! Il va et vient et revient sans oser quitter la place !...

Fatigué d'attendre, il finit par se décider à aller demander du renfort... Il ne marche pas, il court !... Il ne court pas !... il vole à la coupe de bois dans laquelle travaillaient des bucherons et des charbonniers ? Il prie l'un d'eux d'aller chez son père prendre une charrette pour transporter le sanglier qui a tué Picard !...

Par une bizare coïncidence, ce fut le même charbonnier fatidique qui était allé chercher une voiture pour ramener le corps du pauvre Picard qui fût en demander une au même village pour enlever les dépouilles du criminel ? ce fut également le même charbonnier qui avait annoncé à Jeanne la mort de Picard qui lui apprit celle du terrible solitaire !... et ce fut le même véhicule qui ramena les deux !...

Peu de temps après, Babillot arrivait au village assis sur son sanglier et se présentait à la porte de Jeanne armée d'une hache ! il détacha la hure de l'horrible bête et la déposa aux pieds de sa belle comme témoignage d'amour !... en lui déclarant qu'il était prêt à braver tous les dangers pour lui plaire !

Jeanne, comme toutes les femmes de cœur, aimait les braves... aussi fut-elle très-touchée de la déclaration si émouvante que lui donnait l'heureux chasseur ! Le père Sadrin, lui-même, le félicita chaleureusement de son adresse et de son courage !...

Après avoir choqué le verre et bu au bonheur du père Sadrin et de sa charmante fille, Babillot se retira heureux, de l'espoir que Jeanne tiendrait sa promesse.

En effet, deux mois après le succès de Babillot, les parents et amis des deux familles se réunissaient et invitaient tous les chasseurs de la contrée, sans excepter le charbonnier, à assister au mariage de Jeanne et de Babillot.

Quelques années après, l'habile bérichon entrainé par l'amour de la chasse, affermait ses propriétés et entrait comme piqueur au service de M. L.. C..... qui possédait alors, comme il possède encore aujourd'hui, un vautrait de soixante-dix batards de Vendée.

Dans le cours de sa carrière, comme valet de limier et comme piqueur, Babillot a démontré différentes fois qu'il avait plus d'un tour dans son sac !... Dans le nombre, il en est un fort curieux qui mérite, je crois, d'être rapporté.

Partant, près de la forêt de Tronçais se trouvent d'autres forêts, Civray, Soulangis, Lépinasse, Dreuille etc.

Louis Besson, par suite de circonstances diverses, était entré au service de M. R..... venu de Paris, pour courre le sanglier en Bourbonnais.

M. R..... avait élu domicile à Montet, près du village Lebreton ; Il possédait un nombreux équipage de batards et comme M. de Beaucaire et M. L. C..... il était actionnaire des forêts domaniales de Montluçon et de Moulins.

De part et d'autre, les veneurs avaient eu connaissance d'un grand sanglier, ils le faisaient chercher dans tous les coins et recoins des forêts ?

Le hasard voulut que Babillot et Louis Besson se rencontrassent le même jour dans la forêt de Lépinasse.

Tous les deux en eurent connaissance et selon leur prévoyante habitude, ils en avaient effacé les traces à mesure qu'ils les trouvaient.

Tous les deux savaient parfaitement que le sanglier était remis dans la forêt?

Mais il s'agissait de savoir lequel des deux serait le plus habile et l'aurait le lendemain au rapport??...

Tous les deux connaissaient leur mérite et leur valeur et leur désir réciproque de se faire un bon tour du métier?...

La rivalité en chasse comme en amour fait naître souvent des inimitiés qui ne s'éteignent qu'à la mort!... ainsi le veulent toutes les passions vives.

Voici donc les deux valets de limiers aux prises, l'un couchant dans une auberge près de la forêt, l'autre dans un domaine très-rapproché du bois. Tous les deux ne dorment que d'un œil, rêvant à l'honneur de rembucher le lendemain le solitaire et d'en donner la voie?

— Ce sentiment chez le bon valet de limier est en effet porté très-haut! Il sait parfaitement que le plaisir de la chasse est entre ses mains et que plus il développera d'habileté et de science cynégétique ,plus il sera apprécié?

Le lecteur sait très-bien que Babillot cachait, sous des apparences de simplicité, un naturel très-rusé, de plus, beaucoup plus jeune et plus vigoureux que Louis, il avait résolu de lui prouver qu'il était aussi fort et aussi malin que lui!

De son côté, Louis confiant dans son expérience, s'était bien promis d'en remontrer à son collègue, mais comme les jours étaient courts et les nuits longues, à quatre heures du matin il dormait encore rêvant sans doute à ses succès passés!... tandis que Babillot depuis longtemps était au bois avec son limier, faisant les principales lignes dans lesquelles il pensait que le sanglier, d'après la position de la veille,avait pu passer!

Lorsque son bon et vaillant chien se rabattait sur une voie, il enflammait une allumette et examinait le pied de la bête ! s'il le reconnaissait bon, il marchait adroitement dessus, car l'effacer comme on le fait ordinairement, aurait donné l'éveil à son collègue qui n'eût pas manqué d'en faire suite sous bois et l'aurait reconnu plus loin certainement.

Il était à peine jour que le rusé piqueur connaissait le canton dans lequel le solitaire était rangé !

Après avoir fait la vérification de sa quête de nuit, il brisait haut dans une ligne, en face de la rentrée du solitaire au fourré et après avoir marché sur les dernières traces visibles de la bête, traversant une grande allée il eut recours, pour dépister son collègue et son limier, à une de ces ruses de guerre qui ne manquait ni de sel... ni d'épice ?... que le lecteur devine sans doute ?... Le robuste valet de limier posa donc dans le chemin sur les bords du fossé et dans les voies mêmes de la bête noire, *une sentinelle ?*... avec cette consigne.... au large !... content de son œuvre, le madré piqueur suivit ensuite, à l'aide de son chien, le contrepied de l'animal afin d'en effacer toutes les voies ? mais il avait eu la prévoyance de laisser subsister celles des autres bêtes et entre autres celle d'une vieille laie de manière à occuper l'attention du collègue ?

A neuf heures il était arrivé au rapport, son travail complétement achevé à sa satisfaction.

Les équipages de M. de Beaucaire et de M. L. C..... étaient déja hardés et attendaient les maîtres !

Les hommes qui en faisaient partie avaient rencontré, en traversant la forêt, Louis Besson qui leur avait dit qu'il avait rembuché le sanglier ?

En ce cas, dit Babillot, il y a deux grands sangliers dans la forêt de Lépinasse?

A ce moment, les grands maîtres veneurs du Point du Jour et des Chomiguioux arrivent :

M. R..... et ses amis viennent de leur côté suivis d'un brillant équipage! Après les salutations d'usage, M. R..... demande si on n'a pas vu son piqueur Louis?

Les valets de chiens répondent qu'ils l'ont rencontré dans la forêt se dirigeant sur le rendez-vous de chasse ordinaire?

M. de Beaucaire et M. L. C..... n'avaient pas encore entendu le rapport de Babillot, ni eu connaissance de sa réflexion aux valets de chiens? ils savaient cependant qu'il avait remis son sanglier? Ils l'avaient compris à sa manière de tordre et avaler son déjeuner.

Louis se présente, il est pâle, on remarque sur son visage des frémissements nerveux? Il déclare n'avoir point connaissance du grand sanglier.

Babillot s'avance avec un air naïf et dit en deux mots qu'il a rembuché son sanglier et qu'il peut le donner à bout de trait....

Les grands maîtres veneurs toujours courtois, proposent à M. R..... de partager le plaisir du laissé- courre?

Mais M. R..... comprenant la contrariété et le désappointement de Louis, crut devoir remercier et se retirer?

Très désireux cependant de voir et se rendre compte de ce qui allait se passer, ils placèrent l'équipage à une des extrémités de la forêt de manière à voir et à ne pas être vus!

Chacun de nous comprit très bien leur intention, surtout M. de Beaucaire!

Les cent-trente chiens furent découplés... à la brisée... dont j'ai parlé plus haut... peu après une chasse des plus bruyantes se faisait entendre dans toute la forêt et après un laissé-courre des plus mouvementés, le solitaire était aux abois !... le grand maître veneur surexcité précipite son cheval sur l'animal et le renverse au milieu des chiens qui se jettent dessus ?... le bruit des abois et des chiens qui le mordent et le déchirent est réellement effrayant et admirable tout à la fois ?... La bataille est prolongée à dessein... veneurs et chasseurs sont tous là présents à ce spectacle émouvant ?...

M. de Beaucaire, saisissant son couteau de chasse, s'avance en se baissant sur son cheval et l'enfonce entre les côtes du sanglier, qui fait bonds sur bonds au milieu des chiens qui le renversent de nouveau et le dévorent presque en entier... Les six trompes sonnent et resonnent l'hallali sur tous les tons ?...

Quelques instants après nous reprenons la route de Tronçais au son de la retraite prise... à la grande satisfaction de Babillot... et aussi des chasseurs...

Autre épisode, sanglier défense cassée !...

Un grand vieux sanglier est attaqué dans le bois de Verneuil (forêt de Meillant) malgré le vent et la pluie qui tombait à verse ?...

Après 3 heures et demie de chasse les chiens le mettent aux abois ?

Babillot met pied à terre et s'avance sur le terrain de la lutte, afin de pouvoir ajuster plus sûrement l'animal au milieu de la meute qui l'entoure ?... Mais le sanglier l'aperçoit et fond sur lui avec la rapidité de la foudre ?... La carabine du chasseur rate des deux coups à bout portant !... Babillot est renversé et le solitaire le tient sous lui ?.   .   .

.   .   .   .

M. L. C..... et moi apparaissons à ce moment-là ?... les clameurs féroces des chiens redoublent !... nous apercevons le piqueur la face contre terre couvert de sang ! ne donnant signe de vie !... des chiens morts à ses côtés !... d'autres qui traînent leurs entrailles !... le spectacle est émouvant, palpitant même !... mais bientôt la surexcitation fait place à cette première impression !... les bouffées de rage envahissent le cœur et les yeux et nous volons au secours du malheureux piqueur !... M. L. C..... le couteau de chasse à la main ! moi avec mon précieux rifle au poing, malgré les difficultés du terrain et les basses branches des arbres et des ronces qui entravent notre marche ! le maître d'équipage sourd à mes prières et à mes instances, se précipite en avant et bravant tout danger enfonce son arme dans le flanc du terrible animal qui, en s'affaissant, couvre le corps du piqueur !.   .   .   .   .

« Babillot !!! Babillot !!! respirez-vous ?... monsieur ! monsieur !... Je suis blessé mais pas mort... » un cri de satisfaction s'échappe, de nos poitrines ?... nous délivrons le brave piqueur du poids qui l'écrase ?... Il se redresse aussitôt... mais il a peine à s'appuyer sur une jambe ?... Nous l'examinons aussitôt !... deux larges balafres à une cuisse, à donner

le frisson, apparaissent à nos yeux !... Le premier panse-
ment fait avec nos foulards et mouchoirs, nous songeons à
regarder le solitaire ?... nous nous apercevons alors qu'il
a une défense cassée !... circonstance heureuse à laquelle
Babillot doit certainement la vie !   .   .   .   .

Sanglier ressuscité

Un grand sanglier attaqué dans la réserve de Meillant par
120 chiens, est porté bas, après trois heures de chasse, sur
le bord d'un étang et servi à la carabine par Babillot ; aidé
des valets de chiens, il le sort de l'eau... Il quitte ensuite sa
tunique, retrousse ses manches de chemise pour l'ouvrir et
faire le fouail aux chiens ?...

Au moment de lui enlever les suites... le sanglier se
dresse et charge l'opérateur ?... qui n'a que le temps de se
jeter de côté en excitant ses chiens à l'hallali... Le ressuscité
alourdi est renversé de nouveau ?... mais il se relève et
poursuit le chasseur !... le valet de chien Antoine lance son
couteau de chasse à Babillot qui s'en saisit aussitôt ! et profitant d'un moment où les chiens tiennent l'animal, lui enfonce l'arme jusqu'à la garde dans les flancs !... et le fait dévorer par ses chiens ?   .   .   .   .

VII

LE VAUTRAIT DE SAINT-GÉRAND-DEVAUX

M. L. C..... veneur distingué, grand propriétaire du Bourbonnais, adore la chasse. Il est resté célibataire pour pouvoir donner complète satisfaction à ses goûts cynégétiques.

Courre le solitaire, le mettre à l'hallali courant et aux abois ?

Entendre le claquement de ses défenses ? voir ses yeux de feu ?... Le courage et l'entente de la meute pour l'attaquer... la défense si imposante et si terrible de l'ennemi ?

L'étendre ensuite sur le sol, le fer à la main, est un spectacle enivrant et en même temps un plaisir guerrier et chevaleresque.

Sur cette terre, chacun a une passion prédominante, plus ou moins vive selon sa nature et son tempérament. Les uns aiment les batailles, les autres préfèrent la paix et la tranquillité. Il n'y a pas à discuter. L'important est de savoir maîtriser ses passions et tirer le meilleur parti de la position dans laquelle on se trouve.

Ce grand amour de la chasse de nos veneurs d'autrefois, se calme aujourd'hui chez le plus grand nombre, par suite de la facilité des plaisirs de toute espèce d'une part et de la rareté des grands animaux d'une autre! Aussi les fervents disciples de Sᵗ-Hubert, veneurs intrépides, sont-ils en petit nombre maintenant. Nous ne leur adressons pas moins nos sincères félicitations, car il faut avoir du courage et un mérite incontestable pour s'adonner aujourd'hui, malgré les difficultés que rencontre la vénerie, à ce sport si attrayant jadis :

Le courre du grand sanglier est à mon avis le plus beau des sports cynégétiques. C'est le plus allant et en même temps le plus émouvant, et son hallali enivre le chasseur : celui du cerf écœure.

Il ne faut pas confondre non plus la chasse du grand sanglier exclusivement, avec celle du sanglier, c'est-à-dire chasser n'importe quelle bête noire. La différence est grande, celle du premier est passionnante et périlleuse, la seconde est amusante! un grand sanglier pique toujours en avant et va d'un train d'enfer. Celle des bêtes de compagnie et même des ragots tourne et retourne dans les fourrés et ne prend son parti que lorsque l'animal a gagné de l'avance ou qu'il est trop poussé.

Je sais bien qu'aujourd'hui les grands sangliers sont rares et que les veneurs n'ont pas le choix. Il faut cependant chasser quand même lorsqu'on a chiens et chevaux? aussi vaut-il mieux courre un ragot que rien du tout! Mais M. L. C... ne peut s'y décider... Point de grand sanglier, point de chasse. Pour courre le premier, peines, fatigues, déplacements, dépenses, rien ne l'arrête ni le décourage...

mais pour le second, jamais d'hésitation pour la négative.
J'ai eu le plaisir de chasser 25 ans de ma vie avec ce
vaillant Nemrod. Je puis parler savamment de son mérite
exceptionnel et dire ce qu'il lui a fallu de courage, de
peine et de patience pour former ses vautraits et les mettre
si complétement en curée, comme l'ont été ceux qu'il a eus
et celui qu'il possède actuellement. J'ai été témoin de l'attaque de 22 grands sangliers la même année et de la prise
de 21. L'arrivée de la nuit avait sauvé le 22me. Les pieds ou
brisées ont été donnés par Babillot.

L'équipage se composait alors, comme il se compose aujourd'hui, de soixante bâtards de Vendée, et d'une dizaine
de fox-hounds. Il y avait cette année-là, dans la meute, des
chiens d'un instinct réellement merveilleux. Gaspillot, un
limier hors ligne, Grisonneau et Rançonneau, chiens de
change qui ne voulaient chasser que les gros sangliers et
ils auraient tenu les abois une journée entière ; Fanfare et
Mylor, chiens incomparables pour l'attaque. Grefftonn, un
anglais qui marchait de front dans les débuches avec l'animal, et presque tous les chiens le suivaient de près. Aussi
fallait-il des circonstances exceptionnelles pour qu'un
grand sanglier s'échappât lorsqu'il était donné par un temps
convenable.

Je vais faire le récit d'une chasse au flambeau qui ne
manque pas de charme et d'un hallali comme peu de chasseurs en ont vu.

Chasse au flambeau.

En 1864 Babillot avait rembuché un grand sanglier dans les bois de Grossouvre (Cher) les trois meilleurs chiens d'attaque étaient restés au chenil pour cause de maladie ou blessures.

Dans l'enceinte se trouvaient plusieurs bêtes de compagnie fuyant!

Les soixante-dix chiens hardés, quatre des plus criants et des plus anciens sont lâchés et mis sur les traces du solitaire! Tous goûtent la voie, s'en vont dessus en rapprochant, mais froidement! Tout à coup elle se réchauffe et fait naître la joie au cœur de tous, en nous donnant à penser que d'un instant à l'autre les quatre chiens vont nous annoncer par leurs cris et leurs abois que l'animal fait ferme, ou se sauve de sa bauge et que la danse va commencer aussi la musique avec tous ses accompagnements dûs à sa qualité et à son âge! Vain espoir! La voix du valet de limier, seule, se fait entendre et ses cris de colère accompagnés de claquement de fouet, viennent répandre de l'eau glacée sur nos bouillantes imaginations trop vives et trop promptes à s'enflammer.

Nous entendons Babillot crier de toute la force de ses poumons : Arrière! arrière! capons! arrière! Ce n'est pas la voie que je vous ai donnée, etc. au retour! au retour!

Ramenés encore à la brisée, ils baissent la queue, soit

qu'ils fussent dégoûtés ou qu'ils comprissent qu'ils avaient affaire à un redoutable ennemi ; malgré tous ses efforts, ils ne veulent plus quéter et suivent les derrières du cheval : Rien ne peut les faire départir de leur inaction.

Le maître d'équipage s'impatiente, exprime son mécontentement en observant au piqueux que le limier a probablement *surallé* la voie et que l'animal vide l'enceinte ! Dans son impatience, donne ordre de rentrer les chiens au chenil.

Mais Babillot, qui connaît son affaire de même que la pensée qui anime le chef d'équipage, sait bien que l'ordre n'est qu'à moitié sérieux ! Aussi lui demande-t-il, après avoir hardé les chiens d'attaque, la permission de fouler l'enceinte avec son cheval, très-sûr et très-certain que l'animal n'en est pas sorti.

Étonné de voir l'assurance du piqueux et désireux en même temps de me rendre compte de son habileté, je prie mon ami d'accéder à son désir et de me permettre de lui aider ! demande qui fut accueillie avec courtoisie et empressement ! Munis chacun d'une branche d'arbre, Babillot et moi battons à droite et à gauche le taillis très-fourré en hautes bruyères, ronces et épines, comme nous l'eussions fait pour faire lever un lièvre forcé !

Je commençais à me fatiguer et à me désespérer lorsque tout à coup, j'entends un cri sauvage poussé par le valet de limier !..... Voyez-le donc ! voyez-le donc !..... J'aperçois en même temps entre nos chevaux le sanglier cabrer, bondir, faire un bruit formidable en se sauvant !.....

La vue est sonnée, les chiens d'attaque sont mis sur la voie, les bien-aller se font entendre sans discontinuer, les chiens du relais lâchés au moment propice pour rallier, le branle-bas commence! La chasse ronfle et va d'un train d'enfer!

On entend les voix perçantes des fox-hounds, ce qui est l'indice certain que l'animal n'a pas d'avance! Mais voulant m'en assurer je prends les devants de la chasse et vois le sanglier franchir d'un bond une ligne de la forêt, et les chiens presque en même temps! Après deux grandes heures d'une chasse enragée, le sanglier gagne des fourrés d'épines, traverse successivement deux étangs qui font perdre aux chiens leur avantage. Tous cependant sont ensemble! mais la vitesse de la chasse s'est ralentie et la nuit s'annonce.

Le maître d'équipage a la conviction que l'animal ne pourra tenir longtemps et dans l'espoir d'entendre à chaque instant les abois, donne ordre de laisser-courre et d'appuyer les chiens, qui faisaient un carillon infernal dans les fourrés d'Apremont et égayaient tous les chasseurs! Mais peu à peu enveloppés par une nuit des plus noires qui permet de distinguer à peine les oreilles des chevaux : de plus des chemins affreux dans lesquels se trouvaient des ornières et des trous profonds! et le sanglier..... à l'hallali courant!..... Nous éprouvons tous un sentiment d'anxiété, mais sans découragement! Après de longs instants passés en vains efforts pour nous trouver au-devant de la chasse qui ne quittait pas les fourrés, il fut décidé qu'un de nous irait chercher un falot à une ferme voisine et que nous suivrions la chasse malgré les difficultés, malgré les obstacles!...

Désireux de me rendre utile et voulant faire une surprise

à mon ami, je pars quérir la lumière indispensable à nos
projets ; me rappelant les torches faites en paille dont se
servent les habitants des montagnes du Bourbonnais pour
se rendre à la messe de minuit, la veille de la fête de Noël, à
leur paroisse, souvent fort éloignée de leur demeure ! Je fis
faire en toute hâte une demi-douzaine de ces torches que
j'attachai à la selle de mon cheval, et muni d'un falot je me
dirigeai au point convenu pour retrouver mes camarades.
Aussitôt réunis nous cherchons à nous rapprocher de la chasse ! De longues heures s'écoulent à faire des tours, des détours et retours sans pouvoir y parvenir, l'animal ne sortant
pas des bois d'épines, se faisant battre et rebattre au nez
des chiens !

Après une anxieuse attente, le Grand-Hubert, touché certainement de notre aventure et de notre situation, exauce
l'ardent désir que nous formions tous ! voir sortir le solitaire des fourrés !... La chasse, en effet, entre dans les
belles et majestueuses futaies de Grossouvre près desquelles
nous faisions le guet. Nous avançons en toute hâte, à l'aide
de notre falot, sous la voûte sombre de ces grands arbres..... à peine distinguons-nous le groupe des chiens !...
Mais aussitôt, deux torches sont allumées par les hommes
de l'équipage..... Nous apercevons alors un spectacle saisissant et enivrant tout à la fois, pour de vrais chasseurs !...
Un sanglier de la plus grande taille, exténué de fatigue !
marchant le pas, la gueule ouverte, blanche d'écume, de
chaque côté de laquelle portent de longues et larges défenses, (*cassant des noisettes*). . . . .

Sa crinière hérissée, soixante-dix chiens qui l'entourent
n'osant l'attaquer, mais poussant des clameurs féroces ; les

chasseurs, vêtus de peaux de boucs, représentent un tableau féerique! une chasse diabolique et de possédés! . . .

Après une longue contemplation, ordre est donné à Babillot de servir le solitaire! Le vaillant piqueux s'avance lentement... le sanglier ébloui, sans doute, est acculé au pied d'un vieux hêtre!... un coup de feu brille..... L'animal tombe!... Les trompes sonnent l'hallali, les échos des grands bois en répercutent les sons qui paraissent cent fois plus sonores que de coutume et se perdent dans les fins fonds de la forêt!.....

Jamais! oh, non jamais! chasseur n'a vu une chasse plus émouvante, et n'a été témoin de surprise aussi agréable! La curée chaude eut lieu au flambeau et l'effet en fut aussi curieux que surprenant! Les chiens furent ensuite accouplés de trois en trois et la retraite se fit au grand trot de nos chevaux pour ne pas donner le temps aux chiens de sentir les voies d'animaux qu'ils pouvaient rencontrer!

A notre entrée au pavillon des Boucards la pendule sonnait minuit.

Une table chargée de mets appétissants et de vins excellents nous attendait. Le lecteur peut penser si nous y fîmes honneur!... et si Morphée eut besoin de nous bercer pour goûter un sommeil réparateur?.....

Je n'entreprendrai pas de raconter toutes les belles chasses auxquelles j'ai assisté, les émouvants hallalis que j'ai vus. Non plus toutes les batailles de chasseurs et de sangliers ainsi que les massacres de chiens impayables! Le détail quoique fort intéressant en serait par trop long. Je me bornerai à dire que depuis plus de trente ans, que M. L. C... chasse, il a créé un musée cynégétique comme il n'en existe peu. Il se compose en partie de plus de deux cents hures ou défenses de grands vieux sangliers ; de bois de cerfs ; de têtes de chiens morts au champ d'honneur, etc.

Je vais essayer d'en faire la description ainsi que le récit succinct des physionomies les plus intéressantes qui le décorent.

M. L. C. habite le château de Saint-Gérand Devaud, (Allier.)

A l'entrée, au rez-de-chaussée, se trouve un large vestibule dans lequel a été construit le grand escalier pour monter aux étages supérieurs !

En entrant, on est frappé d'un saisissement involontaire en se trouvant en face d'un sanglier monstre empaillé si parfaitement qu'on le croirait prêt à s'élancer sur le visiteur.

Les murs à côté ainsi que ceux de l'escalier sont entièrement couverts de bas en haut de magnifiques têtes de chiens, très-bien préparées et admirablement arrangées, à côté les hures de criminels qui leur ont donné la mort...La légende de tous est inscrite au bas sur une plaque métallique. Ce premier coup d'œil est extrêmement surprenant et curieux.

Le second étage est garni de bois de cerfs superposés les uns sur les autres par rang d'âge, à côté, la tête de leurs victimes, avec l'historique. Il n'y a pas un vide de bas en haut qui ne représente un fait cynégétique, un trophée de chasse.

A chaque étage on trouve un grand sanglier empaillé, des grand loups, pour tapis des peaux de chevaux morts des suites de blessures ou d'accidents de chasses.

Après avoir traversé le grand salon rempli de tableaux représentant tous, des sujets de chasse, on arrive dans le musée cynégétique.

Le premier aspect à la lumière est réellement féerique. Les lustres à huit branches, qui éclairent cette aste pièce, représentent, les uns des traces de sangliers portant les matrices de bougies, ornées de longues défenses. D'autres à quatre pavillons de trompes renversés portant par le haut bobêches et bougies.

Tous les murs sont tapissés de défenses de sangliers artistement montées portant leur légende ! Partout des hures de sangliers.

L'historique le plus intéressant d'un de ces animaux est celui d'un quartenier des plus terribles qui a mis quarante-cinq chiens hors de combat, (25 tués, 20 blessés.) Mis aux abois par l'équipage dans les bois de Gouise, après une chasse enragée, il se précipite sur le piqueur, au moment où il disposait à le servir ;

Le cheval est renversé, l'arme du chasseur se brise et devient inservable. L'homme est blessé et foulé par la bête en fureur. L'hallali courant continue pendant une grande heure, les valets de chiens sont sur les derrières...

Le maître d'équipage suivait la chasse à pied ce jour-là. Il avait été blessé précédemment à la queue de l'étang de Morat, (forêt de Tronçais,) par un grand sanglier acculé par la meute. Il entendait la bataille se prolonger ; mais sans pouvoir s'en expliquer la cause. Il court à un domaine voisin prendre un cheval et un fusil et delà il vole au secours de ses chiens. En arrivant sur le théâtre de la lutte, il trouve les hommes de chasse, mais sans armes ?..... et point de nouvelles du piqueux... une vingtaine de chiens à peine qui aboient l'animal à distance.

Il s'approche de la redoutable bête en fureur, l'étend raide sur le sol d'un coup de feu.

Les appels forcés sont aussitôt sonnés et resonnés !..... et point de piqueux !..... et le tiers des chiens à peine !..... que s'est-il passé ???... Le maître d'équipage, suivi de ses hommes, reprend le contre-pied de la chasse !... à chaque pas il trouve des chiens morts ou blessés !..... c'est un spectacle navrant !.....

Après une heure mortelle d'inquiétude et de transes affreuses, il aperçoit le malheureux piqueux étendu, blessé gravement au col du fémur ! On apprend de lui l'événement !.....

. . . .

En face de la hure de ce féroce quartenier on remarque celle d'un de ses frères de lait, non moins redoutable, qui avait détruit plusieurs équipages ! Sa physionomie porte les traits de la méchanceté, hure longue et pointue ! yeux petits et rouges ! défenses longues, effilées et tranchantes, dénotent bien en effet un animal rusé et dangereux ! Lorsqu'il était chassé, sa tactique était de faire tête à chaque instant, (tous les kilomètres à peu près) de tuer le premier chien qui l'approchait puis de se sauver à toutes jambes ! Cette manœuvre et ce moyen de défense ont duré près de trois grandes heures ; mis aux abois par les chiens dans le bois des Morands, il fut servi habilement par M. L. C.....

— Dans cet émouvant et rapide laisser-courre, dix-sept chiens furent tués ou mis hors de service ! Dans le nombre les meilleurs et les plus vites ! ce fut une grande perte !...

— L'attention des visiteurs est également attirée par l'aspect d'une autre hure armée de longues et larges défenses ! L'historique de celle-là est également des plus curieux ! cinq cents personnes ont été témoins de cette agonie !.....

. . . .

Lancé, après des difficultés inouïes pour le rembucher, il fut arrêté et pris par les chiens près de Decize (Nièvre) sur les bords de la Loire ! La bataille eut lieu dans des sables mouvants qui rendaient impossible l'approche des chasseurs ! Le combat fut acharné et les abois se prolongèrent pendant près de vingt minutes !..... Ils attirèrent un grand nombre de curieux sur les deux rives !..... En se défendant et en combattant, le solitaire gagne le fleuve ! Tous les chiens le suivent avec acharnement ! Le spectacle est charmant ! Les plus enragés montent tour à tour sur son échine et le font noyer !.....

Des mariniers, enchantés de voir la bête de près, sautent dans leurs barques et rament à force de bras, pour arrêter le défunt qui paraissait parfois sur l'eau, puis disparaissait. C'est à qui montrera le plus d'empressement pour le saisir : Il est enfin pêché et ramené à bord à la grande satisfaction des chasseurs et des curieux qui n'ont pas d'yeux assez grands pour examiner la terrible bête !..... huit trompes font les honneurs de son trépas !..... six chiens tués, douze blessés.....

Au-dessus d'une des portes du musée, la vue s'attache sur une hure d'une longueur démesurée, armée de défenses formidables ; c'est sans doute celle d'un cousin germain de Pacha, car elle est d'un blanc argenté et a été prise dans la même forêt de Meillant après cinq heures de chasse ! C'était

un des sangliers des plus redoutables qu'on puisse voir : A
l'hallali, il se jetait sur les chevaux et les chiens avec une
rage et une rapidité incroyables ! Il porte, au-dessous du milieu des mirettes, les traces de deux balles du maître d'é-
quipage M. L. C..... (preuve qu'il a été tiré de face.) Il
n'en fallut pas moins de cinq, toutes portant, pour le mettre à mort.

Cet hallali était effrayant, il fut funeste à la meute, sept
chiens furent tués : dans le nombre, les trois meilleurs. Les
trois belles bêtes préparées, encastrées dans le même pan-
neau forment un groupe fort curieux.

A un des angles de la pièce, on voit également la hure
d'un quartenier portant autour du boutoir un débris de
longe au milieu de laquelle se trouve un fil de fer, la légende porte : *un sanglier muselé*.....

Mis aux abois, après cinq quarts d'heure de chasse, il y
eut un hallali des plus singuliers. Les chiens sautaient et
volaient en l'air, et rebondissaient sans blessures. Les cris
de la meute étaient effrayants et très-beaux en même
temps..... Mais les chasseurs ne comprenaient rien à ce qui
se passait, lorsque un coup de carabine qui étendit l'animal sur le sol en donna l'explication.

Le sanglier pris au lacet le matin par le boutoir, au-dessus des défenses et des grais, dans une haie attenante au
bois de Montigny, il fut manqué d'un coup de cognée par un
bûcheron qui avait coupé la corde par le milieu à peu près,
ce qui avait permis au quartenier de se sauver.

Mais la longe mouillée par la pluie s'était retirée et lui
comprimait la gueule de façon à rendre ses armes inoffen-
sives.

Cet épisode de prise, de *sanglier muselé*, a intrigué, de prime abord, bien des disciples de Saint-Hubert : Le même équipage prit, peu de temps après, un autre grand sanglier qui portait au cou un lacet en fil de fer !

Mes récits seraient par trop longs si je voulais raconter tous les faits cynégétiques intéressants des solitaires et des hures qui ornent le musée de Saint-Gérand-Devaux ! aussi je termine la description des légendes des bêtes noires.

Quatre bois de cerf dix-cors avec le massacre, scellés au quatre murs en face les uns des autres ; des armes, couteaux et fouets de chasse sont accrochés aux andouillers, sur andouillers et chevilures, font un charmant effet.

La légende d'un de ces magnifiques fauves porte : Attaqué 12 mars 1865 dans les futaies de Mora, (forêt de Tronçais) acculé par 50 chiens de meute à la porte d'Ile-et-Bardais au moment de la prière du soir, il met en émoi le bon et très-honorable pasteur et tous les paroissiens qui sortent stupéfiés par le tapage infernal de la meute et par la vue de la bête à grandes cornes que bon nombre prennent pour un diable sorti du bénitier...

Tous se heurtent et se bousculent à la sortie du lieu saint ; heureusement les grandes portes sont fermées, sans cela l'hallali aurait eu lieu dans l'intérieur du temple. Aucun de nous n'ose approcher de peur que notre présence soit mal interprétée ou mal comprise. L'animal effrayé par les cris et la vue de tant de gens, se déplace et entre dans le cimetière attenant à l'église... Le vacarme continue toujours et plus fort encore. Babillot s'avance et sert le dix-cors à la carabine !

Nous fûmes ensuite présenter nos excuses au digne pasteur scandalisé. Il fallut le ton et le langage de la vérité pour calmer son mécontentement.

Mais, homme d'esprit, il comprit bien vite, que le fait de profanation et de préméditation ne pouvait nous être reproché. Notre retraite calme et silencieuse à la suite, fut la confirmation de la sincérité de la démarche respectueuse que nous venions de faire.

L'historique du massacre qui fait face, porte que l'animal, après 2 heures de chasse d'un courre des plus animés, se jeta dans l'étang Pireau. Pour se défendre des chiens il eut recours à une ruse diabolique! Dans l'eau jusqu'au cou, prenant pied, restant en place, il obligeait les chiens à nager et à se tenir à distance ou à reculer.

Après une longue contemplation de cet intéressant spectacle, aidés de deux pêcheurs du village des Chamignoux, Courteau et Morel, nous montâmes en bateau et nous forçâmes le cerf à se mettre à la nage. Nous lui passons aussitôt la chaîne de la barque autour des bois et nous l'amenons à terre.

Le lecteur peut penser si la malheureuse bête fit des bonds et de violents efforts pour se dégager; c'était une pitié de la voir souffrir. J'en souffrais moi-même; et comme certains individus prétendaient que le cerf n'était pas forcé et échapperait aux chiens si on le lâchait, je m'écriai énergiquement: Pour l'honneur de l'équipage, lâchons-le: ce qui fut fait en présence de 200 personnes au moins.

Le dix-cors repart, prend les futaies, se fait chasser un quart d'heure à peine et revient à l'étang reprendre sa position primitive; cette fois il était bien forcé, archi-forcé. Il fut repris de nouveau, à l'aide du bateau, et servi au couteau de chasse.

Le troisième massacre provient d'un dix-cors extrêmement méchant qui se jetait sur les chasseurs et sur les chiens,
son hallali courant, fut très-long et très-émouvant. Il fallut
attendre, pour s'en approcher et le servir, que les chiens
l'eussent porté bas, c'est-à-dire, qu'il fût rendu et tombé à
terre, ne bougeant plus, se laissant mordre à la naissance
et de chaque côté de la queue sans pouvoir se défendre.

— Que les jeunes chasseurs retiennent bien cette recommandation, de ne jamais approcher un cerf au couteau
de chasse tant qu'il est debout, car il peut, à un moment
donné, rassembler toutes les forces qui lui restent, se précipiter sur l'imprudent agresseur et lui donner un coup
d'andouiller souvent mortel, ce qui a fait dire : Au cerf la
bierre : . . . .

> « Aussitôt que le cerf a touché de sa tête,
> « Homme cheval ou chien ou bien quelque autre bête,
> « Et tard vient le barbier, et tard le médecin
> « Car le penser guérir, c'est travailler en vain. »

POÈME DE CLAUDE GAUCHET.

Le quatrième massacre rappelle une des plus charmantes
chasses de cerf et en même temps une des plus savantes et
des plus difficiles.

La ruse de ce vieux vétéran, *retour des fins fonds des
Ardennes,* consistait à se harder continuellement pour donner change. Et il eût certainement réussi sans un vieux
chien archi-chevronné, Jonas, qui ne le quittait point et
l'aboyait sans cesse au milieu des groupes de fauves.
Babillot qui s'était familiarisé avec ses manières rameutait
toujours au brave chien et parvenait à le déharder, ce tra-

vail était réellement très-instructif et très-curieux. Je suivais la chasse de très-près, je m'arrêtai à un moment où le bruit des chiens avait presque cessé. Placé sur une éminence avec le piqueux dans les cantons de Beauregard, j'aperçois tout à coup le plus joli et le plus amusant des spectacles. Le dix-cors bondissant et poussant à grands coups de cornes cerfs et biches devant lui ! le maître d'équipage arrivait à ce moment-là et ne pouvait croire à ses yeux. L'animal essoufflé sans doute par ce métier fatigant, après avoir doublé et redoublé ses voies, fit un bon de côté et se rasa.

La meute arrive, les jeunes chiens s'emportent, car cerfs et biches bondissent de tous côtés à leur nez, finalement ils chassent tout autre bête que le cerf de meute.

Mais Jonas et Tortillard sont là heureusement, certains qu'ils ne se laisseront pas entraîner par les cris des étourdis, nous attendons M. L. C. et moi au poste si bien situé le dénoûment du défaut ; Babillot était allé arrêter et fouailler ses écoliers.

Les taillis étaient si fourrés, et les bruyères si grandes qu'il n'était pas possible de voir le travail des vieux chiens, ce qui était fort regrettable, car je suis persuadé qu'il était très-intéressant et très-curieux. Après quelques instants de silence nous entendons la voix de Tortillard, puis celle de Jonas. La violence de leurs abois fait bondir le cerf de meute et la chasse reprend de plus belle. Le piqueux rallie ses chiens à la voie et le laissé-courre s'en va d'un train d'enfer sur les Chamignioux et l'étang Pireau. Les chiens entourent le dix-cors et le mettent aux abois. Un de nos bons et braves camarades, M. Fouché, armé de sa carabine, met pied à terre pour le servir, mais le noble animal après avoir bien examiné le chasseur en face, secoue la tête et court sur lui, une balle lui arrive à l'épaule et l'arrête une seconde derrière l'oreille, l'étend raide mort.

C'était la première année que tous nous chassions le cerf.

Ces chasses de cerfs ne pouvaient amuser longtemps M. L. C...., aussi s'est-il hâté de revenir à ses vieux solitaires.

Sur la cheminée, se trouve une pendule de la forme d'une borne carrée longue, recouverte entièrement de bois de cerfs! de longs et larges couteaux de sanglier entourent le cadran; sur le dessus de ce curieux joyau, des défenses de solitaires artistement groupées, portant une pomme de pin entre les feuilles de laquelle sont incrustées de petites dents de cerfs, produisent un effet de neige.

A côté des flambeaux façonnés de merrain découpé et des meules de dix-cors sont également d'une exécution des plus heureuses :

J'ai compté jusqu'à sept lustres, tous de modèles différents, représentant des sujets de chasse. Je passe sous silence les coupes, vases provenant de Sèvres, de Hongrie, de Norvège, de Suède, ainsi que des bibelots de toute espèce, ayant trait à la chasse et commandés spécialement pour orner les salons du veneur. Tous ces objets sont uniques car les modèles ont été détruits.

Des têtes de chevreuils admirablement préparées, avec leurs légendes, servent de patères aux rideaux des croisées.

Les fauteuils et les chaises sont faits de bois de cerfs

solidement entrelacés. Ils sont aussi gracieux que curieux.

Le parquet du musée est entièrement recouvert d'un tapis fait de parois de sangliers.

Au plafond, des oiseaux du pays, bécasses, sarcelles, hirondelles de mer et autres, suspendus par des fils imperceptibles, paraissent voleter et vouloir s'abattre ou se reposer sur les bois de cerfs, et font un effet ravissant.

Dans la salle à manger, des tableaux des meilleurs maîtres, représentant, l'un l'arrivée de l'équipage en forêt, d'autres des hallalis de sanglier, de cerf; des chevaux de chasse des plus beaux modèles, des spécimens de fox-hounds, de batards, de chiens français.

Entre deux croisées espacées, se trouve une longue et large console, couleur de roc bruni par le temps qui supporte un rocher, (carton) couvert de verdure courte et fine autour duquel grimpe et joue une compagnie de perdreaux rouges, si parfaitement imités et si bien préparés qu'on les croirait vivants !

Le salon fumoir, composé de deux appartements luxueux, ornés de riches tentures et de plusieurs aquarelles extrèmement jolies, avec deux grands tableaux qui font le plus grand honneur à notre excellent peintre Gélibert ; l'un de ces tableaux représente le lancé du chevreuil, très-réussi ; l'autre, qui est un véritable chef-d'œuvre, nous montre tout l'équipage entourant un grand sanglier : vie, mouvement, chiens, sanglier, paysage, tout est admirablement reproduit ; nous n'avons pas compté moins de vingt aquarelles ou tableaux faits par Jules Gélibert et exécutés sur les indications de M. L. C..... Il est difficile de mieux réussir le chien que ne l'a fait M. Gélibert, et nous nous plaisons à rendre un juste hommage à son talent vraiment merveilleux comme art cynégétique.

Je vais terminer ma description par une visite au chenil, qui a également un cachet tout particulier.

On arrive d'abord dans une vaste cour au milieu de laquelle se trouve placé un belvédère, rustiquement construit avec des chênes modernes fendus en deux et liés les uns aux autres.

Un large escalier a été établi d'un côté pour faciliter l'accès et la descente de l'ensemble de la meute. En haut, un parquet sur lequel les chiens peuvent s'ébattre à leur aise et une balustrade pour les retenir.

Près de là le chenil ; l'entrée offre un spectacle nouveau et surprenant.

La pièce est spacieuse, des bancs mobiles tout le long des murs pour faire coucher les chiens, au dessus, sur un rayon rustique, fait d'un moderne fendu en deux, sont alignées en rang de bataille tout le long des murailles... les carcasses, blanches comme l'ivoire, de toutes les hures de vieux sangliers, pris par l'équipage depuis sa création, qui n'offrent aucun fait très-remarquable. Au dessus encore leur trace gauche.

La première vue de ces étranges trophées fait frissonner la peau des profanes...

Elle remplit l'imagination des apôtres du culte de Sᵗ Hubert de visions chevaleresques et les grise de rêves fantastiques et enchantés. . . . .

. . . .

Forêt de Grossouvre (Cher) 7 février 1881.

A M. le Directeur du journal de la *Chasse illustrée*.

Je m'empresse de remplir la promesse que je vous ai faite le jour de notre charmante réunion cynégétique mensuelle chez Vefour, et de vous rendre compte de mon voyage en regagnant mes pénates.

Parti de Paris le 3 février avec mon vieux camarade le comte de R..... nous sommes arrivés dans la soirée à son château des Ners, en Loiret, où nous avons pu prendre un repos réparateur.

Le lendemain nous montions à cheval dès l'aurore et parcourions un pays exceptionnel comme chasse au chien d'arrêt ! ce n'est, en effet, qu'une succession d'admirables remises, des champs de blé noir abandonnés au gibier au milieu d'une vaste plaine de bruyères. Des réservoirs d'abreuvage ont été créés partout où il n'existe pas de cours d'eau naturel. Il n'a pas fallu moins de cinq heures pour visiter cette vaste propriété qui compte sept ou huit étangs sur lesquels on aperçoit des bandes de canards sauvages défiant le fusil du chasseur.

J'étais émerveillé de cet ensemble, lorsqu'au détour d'une forêt, mon ami me réservant une surprise m'a mis en face d'une immense nappe d'eau de plus de quatre cents hectares couverte de sauvagine en partie ? A cette vue mes souvenirs de jeunesse se sont ravivés et m'ont fait regretter ma yole et mon canardier avec lesquels j'ai fait de si nombreux massacres !

Sur mon désir de voir de plus près ces intéressants oiseaux, mon hôte a fait décrocher une barque, et remettant nos chevaux à l'homme qui nous accompagnait, nous avons fait une promenade charmante sur cette mer intérieure, dont les eaux transparentes comme du cristal nous permettaient d'apercevoir des miriades de poissons, pourchassés par d'énormes brochets, véritables requins d'eau douce, dont vous aurez pu voir du reste un spécimen dans les salons du cercle de la chasse. Ce magnifique tableau m'aurait fait oublier l'heure du déjeuner si je n'eusse été rappelé à la réalité par les sons répétés de la cloche du donjon des Ners.

Afin de profiter du beau temps dont nous étions favorisés et après nous être rapidement, mais aussi solidement réconfortés, nous avons pris fusils et furets et sommes allés faire la guerre à Jeannot. Sapin ! quel massacre, cher confrère en Saint-Hubert !... Si vous eussiez été là, vous auriez eu de l'agrément. Je vous l'assure ! c'était une fusillade continuelle des plus amusantes !

Le troisième jour nous avons traversé rapidement les immenses plaines de la Sologne pour aller rejoindre la ligne ferrée qui nous a portés ici dans la soirée !

Une agréable nouvelle nous y attendait.

Le garde Barage que j'ai fait entrer au service de notre ami M. L. C..... avait connaissance depuis quelque temps d'un solitaire qui hantait les forêts des environs. Prévenu de mon arrivée et désireux de m'être agréable, il l'avait ménagé jusqu'à ce jour. Son cœur débordait, lorsqu'après son rapport, il m'a dit bien bas ! Ah ! Monsieur Barreyre, il y a longtemps que je vous le conserve, mais méfiez-vous, car il est méchant ?.....

Merci, mon brave ! ce sont les meilleurs !

On hâte le départ, chasseurs et chiens se portent à la brisée au carrefour de Garambet. Les chiens d'attaque sont découplés, bientôt les abois se font entendre, puis le lancé et les joyeux bien-aller. Le relais composé de soixante fox-hounds et bâtards est donné à bon vent. Ils rallient promptement et les voix perçantes des chiens anglais annoncent, par leurs sifflements répétés, qu'ils suivent l'animal de très-près !... Après un laissé-courre de près de deux heures dans les bois de Grossouvre et à midi l'animal est acculé par la meute ! Le maître d'équipage s'avance le couteau de chasse à la main !... et crie de toute la force de ses poumons hallali ! hallali ! Mes beaux !... tous les chiens s'élancent comme électrisés par le même ressort sur le solitaire et le mordent à belles dents !

Mais apercevant le courageux veneur, l'animal en fureur rassemble ses forces, se débarrasse de ses ennemis et fond sur lui !... Le hardi chasseur à prévu l'attaque et bondit de côté !... Le sanglier passe sans l'atteindre et continue sa course, mais l'hallali courant, les abois sont de plus en plus animés et les chiens de plus en plus mordants... Ce spectacle sous bois est enivrant !..... tout à coup le redoutable solitaire fait face. Le veneur, qui le suit de près, sans lui donner le temps de souffler, saute à terre et lui enfonce jusqu'à la garde son couteau de chasse dans le flanc !.....

L'hallali est sonné, tous les chasseurs réunis peuvent admirer la taille de cette redoutable bête noire !.....

Le garde Barage, en examinant le pied, s'écrie ! Ah ! brigand, tu m'as fait faire plus de deux cents lieues ?...

. . . .

Comment deux cents lieues, demande un des chasseurs ?...

C'est mon secret ! répond Barage ? . . . .

. . . .

— Ce secret est une ruse de guerre qui, en effet, ne se dit pas à tout le monde ?.... toutefois les veneurs qui ont reçu le baptême de Saint-Hubert, qui désireraient le connaître, peuvent m'écrire, s'ils me prometttent de ne point le divulguer, je le leur confierai volontiers ?...

Recevez etc.

P. Barreyre.

VIII

CHASSES A COURRE ET A TIR DANS LA FORÊT DE TRONÇAIS (ALLIER) 1872.

Le bail des chasses des forêt situées dans les arrondissements de Moulins et de Montluçon devait expirer en 1873. M. de Beaucaire et M. L... C... ne pouvant prévoir les conditions dans lesquelles se ferait le renouvellement des fermages de chasse, ayant lieu, d'autre part, de craindre que le grand nombre d'animaux qui peuplaient les forêts n'attirât des chasseurs ou veneurs étrangers à la localité, pour les affermer, et ne fît monter très-haut le prix de ferme, résolurent de prendre à courre ou à tir tous les animaux courables.

M. de Beaucaire devait chasser les bêtes noires, M. L. C... les fauves.

Le grand veneur du Point du Jour voulut bien m'écrire, pour me faire part de ses dispositions et m'engager à arriver, sans retard, faire la guerre aux sangliers qui avaient envahi dans la forêt et les environs.

Si j'avais eu la fièvre, cette agréable nouvelle me l'eût coupée net, bien certainement : Heureusement j'étais en par-

faite santé et deux jours après j'arrivais au Point du Jour.
Nous étions alors aux premiers jours de novembre. Les
grands arbres de la forêt avaient encore leurs feuilles. Mon
vieux camarade devait chasser le lendemain les sangliers
de la corne de Rolay, à l'extrémité nord de la forêt. Il eut
la bonté de me dire qu'il me destinait le meilleur poste à
la queue de l'étang] Pireau, (en face la souille des bêtes
noires, à la rive opposée,) poste qui, cette année-là, devait
être fatal au gibier, car les coupes de bois, en exploitation
près de ce canton, obligeaient, pour ainsi dire, les animaux à
prendre cette direction.

La place qui m'était désignée se trouvait placée entre deux
côteaux, en face de vieilles futaies très-claires qui permettaient d'apercevoir parfois les animaux venir de très-loin. Le
tireur qui se trouvait dans cette situation et entendait la
trompe et la chasse descendre la vallée comme un ouragan, et voyait en même temps un grand sanglier arriver
droit à lui..... et qui n'était pas accoutumé à ces spectacles
cynégétiques, sentait les pulsations du cœur battre à rompre la poitrine.

L'ardent désir d'arrêter l'animal court... la crainte aussi
de le manquer et de passer pour maladroit, toutes ces pensées battaient la générale dans le cerveau, heureusement
pour le gibier, différemment, la graine en serait perdue depuis longtemps, j'ai vu bien des chasseurs désappointés,
contrariés d'avoir manqué la bête, refuser ensuite de se
placer aux meilleurs postes. Je comprends parfaitement ce
sentiment de délicatesse dans certaines circonstances. Il
faut en effet bien des conditions pour réussir. La première, avoir confiance dans son âme et la seconde, être

maître de soi, car l'émotion provoque souvent un coup de doigt, qui, si faible qu'il soit, produit une déviation plus ou moins sensible. Le chasseur qui tient au plaisir d'abattre et d'arrêter court le grand gibier et aussi les animaux dangereux doit donc se munir d'une bonne arme et s'exercer constamment, surtout pendant que la chasse est fermée, à tirer la balle.

Le point important est d'avoir un fusil double portant la balle avec précision... mais la question n'est pas facile à résoudre.

Je crois, à ce sujet, devoir faire une petite digression à mon récit, afin d'édifier le lecteur sur les faits qui vont suivre et éclairer en même temps les jeunes chasseurs sur les moyens de se procurer une bonne arme et sur la manière de s'en servir avec succès.

Partant, le fusil double à hélice d'un côté est certainement l'arme qui porte le plus régulièrement, mais il a l'inconvénient d'être trop lourd et incommode pour le chasseur qui, ne trouvant pas de sanglier le jour désigné pour les chasses, se console en chassant les chevreuils ou un lièvre, ou encore la bécasse au chien d'arrêt, etc. Le fusil double à hélice ne convient que dans les petits calibres 24 ou 28, pour porter en crosse brisée, dans les fontes de la selle du cheval pour servir le sanglier aux abois.

Le fusil double à canon lisse du calibre 20 de 72 à 75 centimètres de long est à mes yeux le plus convenable. Il n'est pas trop lourd pour le chasseur, s'il le porte dans une botte à cheval, ou même démonté, dans les fontes de la selle. Il a de plus l'avantage d'être léger pour chasser au bois. Mais comme je viens de le dire, le difficile est de trouver le fusil dans les conditions que je viens d'indiquer et portant bien le projectile!... Le hasard peut quelquefois le faire rencontrer, mais le fait est si rare qu'on ne peut y compter.

— Je puis affirmer, pour mon compte particulier, que j'ai cherché pendant plus de dix ans un fusil lisse à deux coups, portant la balle avec précision, c'est-à-dire à 50 mètres, (dans dix centimètres carrés) sans avoir pu le trouver. Je me suis cependant adressé aux armuriers et fabricants les plus renommés de France ; voici l'écueil que j'ai rencontré : pour découvrir cette arme il faut faire de nombreux essais onéreux ! puis il faut qu'elle soit d'un prix modéré, car elle est destinée pour chasser au bois spécialement, et tous les chasseurs ne sont pas en position de se munir de fusils *de Paris* dont les prix sont excessifs ; (je parle donc pour le grand nombre,) et encore faut-il avoir une main très-sûre pour en faire l'épreuve !... Les armuriers et fabricants, connaissant bien la difficulté, ne se soucient pas de se charger de faire ces études. —

Confier ce soin à un ouvrier d'une fabrique quelconque, c'est s'exposer d'abord à des réclamations d'argent pour consommation de cartouche pour plus que ne vaut l'arme peut-être et encore à ne pas réussir.

Telles sont les difficultés que j'ai rencontrées, mais obstiné comme je le suis quand je veux atteindre un but possible, j'ai continué mes recherches et fini par trouver l'arme que je désirais si ardemment. Voici le moyen qui m'a réussi et que je recommande aux chasseurs sérieux.

Je me suis adressé à une maison des plus en renom et

des plus honorables de Saint-Étienne, représentée par M. Pontdevaux, fabricant d'armes. Je l'ai prié, lorsqu'il ferait faire les épreuves de ses canons de fusils, de faire faire l'étude de la portée des canons calibre 20 et lorsqu'il en trouverait un et même deux, portant la balle avec précision, de les mettre de côté et de me les adresser ensuite, m'engageant bien entendu à récompenser l'ouvrier canonnier qui en ferait l'étude et la découverte. Par ce moyen, j'ai trouvé l'arme que je cherchais depuis si longtemps ; et c'est avec plaisir que je rends hommage au mérite et à l'obligeance du fabricant.

Il s'agissait ensuite de faire l'étude du tir, exercice auquel je m'étais livré avec assiduité depuis ma jeunesse avec des armes de précision. Ces exercices consistaient à faire lancer avec force une grosse boule de quilles à une cinquantaine de mètres et de l'atteindre au moment où elle roulait le plus vite, c'est à mon avis l'exercice le plus profitable au chasseur. L'exécution et la précision du tir ne s'acquièrent que par la pratique continuelle. Je vais indiquer ici les principales conditions pour devenir habile tireur.

Le chasseur muni d'un fusil, comme je viens de l'indiquer, devra solidement épauler son arme, et avoir soin, avant de se placer en face de la plaque de tir, de tenir le corps bien d'aplomb, le pied gauche un peu tendu en avant, le bras droit en demi-cercle, le coude à la hauteur de l'épaule, la main gauche près de la sous-garde ; il cherchera ensuite à mettre parfaitement en ligne les trois points suivants :

Le point du départ placé entre les deux chiens du fusil, le guidon au bout du canon et l'objet ou la pièce de gibier.

11

Au moment de presser la gâchette, le tireur devra retenir sa respiration, et tenir l'arme solidement épaulée, mais sans trop de raideur ; il prendra plus ou moins le guidon suivant la distance du but à atteindre.

Ces études faites et les résultats obtenus satisfaisants, le tireur s'exercera ensuite sur la boule de quilles à des distances différentes, à 50 ou 60 mètres. Lorsqu'il l'atteindra deux fois sur trois il sera digne de prendre place au premier rang des chasseurs à tir.

Je ne traiterai pas les questions du tir à la cible à longue portée avec des armes de précision ni du tir au pigeon qui sont des tirs particuliers et étrangers à la chasse. J'adresse les personnes qui désirent acquérir cette science aux professeurs et grands maîtres tels que MM. Gastine Renette, père et fils, arquebusiers à Paris qui remportent à peu près tous les prix de tir chez nos voisins. Ces messieurs ont une collection admirable de médailles et d'objets précieux gagnés dans ces essais.

J'engage le chasseur émérite à visiter les ateliers de MM. Gastine Renette, dans lesquels il trouvera des armes perfectionnées d'une précision et d'une qualité parfaite. J'en parle sérieusement car je possède depuis de longues années plusieurs armes, fournies par cette honorable maison, qui sont inappréciables pour un vrai chasseur.

Je ne m'étendrai pas davantage sur les études de tir, n'ayant d'autre intention que celle d'indiquer aux jeunes chasseurs les moyens d'apprendre à tirer avec précision et sûreté les grands animaux qu'il est appelé à chasser.

La chasse à courre du grand sanglier, tendant de plus en

plus en France à s'éteindre, faute d'animaux, avant peu les chasses à tir reprendront leur ancienne faveur.

Revenons maintenant au poste de la queue de l'étang Pireau qui m'avait été désigné pour raccourcir les sangliers au passage.

Les chasseurs (de l'an 1870) se rappellent certainement que la chasse avait été fermée pendant l'invasion Allemande, de triste mémoire, aussi les fauves et les bêtes noires s'étaient multipliés rapidement. En 1872, ces animaux qui n'avaient pas été chassés de deux années marchaient d'assurance et sans défiance du chasseur : ce qui permettra au lecteur de se rendre compte de l'exactitude des faits qui vont suivre.

Me voici donc à mon poste, tout œil et tout oreille? car les animaux partis au bruit des trompes ou des chiens arrivaient souvent *à froid*, sans que rien ne révélât leur passage, fait qui se produisit en effet ce jour-là, 5 novembre 1872 : Assis sur un jeune arbre courbé à dessein et rustiquement attaché au pied d'un bouleau, caché, par un amas de branches de genévriers, j'attendais que le son des trompes ou le cri des chiens m'annonçât l'arrivée d'une bête noire quelconque, quand mon œil attentif découvrit un fauve descendant le côteau au petit galop et venant dans ma direction, je supposai d'abord que c'était un chevreuil qui, dérangé par le bruit de la chasse, venait se réfugier dans les fourrés de Soulice ou de Villegeot. Il était à 200 mètres environ, je me plaisais à voir la légèreté de ses allures, lorsque je crus remarquer qu'à l'extrémité du corps de la bête était attachée une grande queue et que c'était un père loup qui m'arrivait directement comme chargé de m'apporter

une agréable nouvelle ?... l'annonce peut-être de l'arrivée
d'un grand sanglier ?. . . . .

Je ne pus me défendre pendant un instant d'une certaine
émotion, mais parfaitement sûr de l'abattre, si je parvenais
à me maîtriser, je me rassurai : L'animal n'était pas à plus
de 4 mètres, obliquant à droite, je le visais attentivement
depuis un instant à la naissance de l'épaule ! Le coup part, le
grand loup tourne plusieurs fois sur lui-même, ouvrant une
gueule effrayante, cherchant à mordre sa blessure. Puis il
bondit en l'air et tombe mort.

Je prête l'oreille, point de chien derrière. Je jugeai donc
prudent de ne pas bouger de mon poste et d'attendre d'autres
bêtes que la chasse devait infailliblement amener à l'étang.

— Une particularité à signaler, c'est que le plus grand
nombre des habitants du village se plaisait à venir les jours
de chasse au pont de Pireau voir passer la chasse, ce qui était
parfois fort amusant pour eux. L'un d'eux, excité par la curiosité, vint me demander si j'avais tué la bête que j'avais
tiré et qu'il n'avait pu apercevoir. Pour m'en débarrasser,
je lui réponds que c'est un loup que j'ai manqué, qui passait
trop loin et le priai de se retirer, ce qu'il s'empressa de
faire. — Un instant après j'entends les cris des chiens, les
bien-aller et le galop des chevaux sur la route de Lurcy-
Lévy, je vois en même temps un grand sanglier arriver droit
sur moi.

Je le laisse approcher à quinze à vingt pas, je l'ajuste
derrière l'oreille, il tombe foudroyé. Les chiens arrivent, les
chasseurs et les curieux ensuite. Je leur montre les deux
bêtes... tous admirent la taille de l'une et de l'autre. Le loup
marquait 5 ans à la dent ? Et chose singulière, il avait un

lacet au cou, destiné aux cerfs sans doute, façonné avec trois gros fils de fer, qui avaient été coupés, comme avec une cisaille, ce qui donne une idée de la force de mâchoire de l'animal.

Le sanglier était un quartenier des mieux armés qui méritait un sort plus digne. Mais la pensée de laisser à d'autres le plaisir de le prendre, si les chiens ne l'eussent pas porté bas, fit disparaître les regrets que nous inspira un instant la vue de l'animal renversé.

Nous rentrons au logis, bien décidés à recommencer le lendemain, attendu que les hommes, les chevaux et les chiens n'étaient pas fatigués.

A cette chasse étaient présents M. Fouchet, Charles de Labarre, Babillot et à peu près tous les habitants du village des Chamignioux.

Le lendemain nous reprenons nos mêmes positions de la veille?

Le valet de limier avait annoncé plusieurs compagnies de sangliers dans les fourrés de Thyolet, il fut convenu qu'on les attaquerait avec quelques chiens seulement, afin de pouvoir les rompre plus facilement s'il y avait lieu? et que les piqueux et valets de chiens sonneraient pour pousser les animaux dans la direction de la queue de l'étang.

Il était plus de midi, depuis longtemps, les trompes sonnaient, mais les animaux n'étant chassés que par 2 ou 3 chiens tournaient en se faisant rebattre dans ces fourrés de hautes bruyères sans sortir, ce que voyant, le maître d'équipage fait lâcher les chiens du relais ; mon attention commençait à se fatiguer, lorsque j'entends une chasse ronflante qui descendait à travers la futaie et je vois en même

temps une compagnie de sangliers très-nombreuse se diriger sur mon poste.

Je vise et tire un des plus grands qui était en tête et
l'arrête court ! un second subit le même sort.

Peu après les chiens arrivent, je les entraîne en criant oh
vloo ! oh ! vloo ! et je les mets sur la voie des autres sangliers,
car la vue des morts aurait pu les dégoûter de chasser, fait
qui se produit souvent ! La chasse alla grand train, mais je
jugeai que d'après le nombre des chiens qui avaient traversé
l'étang, il devait y avoir d'autres chasses à Thyolet et à Bougimont, je restai donc à mon poste. Les curieux arrivaient
continuellement, leurs compliments m'étaient désagréables
et m'agaçaient, car les circonstances exceptionnelles dans
lesquelles je me trouvais étaient si rares que je désirais en
profiter et compléter mes études de tir ; j'eus toutes les
peines du monde à obtenir qu'ils se retirassent.

J'aperçois, un instant après, un beau ragot arriver la
queue retournée ! mais il s'arrête, paraît inquiet, évente,
puis recule ! je le tire et le manque, je m'y attendais étant
agacé d'entendre marcher et causer près de moi.

Le maître d'équipage arrive pour voir ce qui s'était passé.
Il aperçoit les deux sangliers étendus près l'un de l'autre
couverts de sang au cou. Il faut qu'il les ait tiré à bout
portant, dit-il, pour les avoir tués raide ? je souris et ne répondis pas.

Il se poste à son tour près de moi, une heure à peine
s'était écoulée qu'une chasse s'annonce. Un sanglier de
grande taille arrive, chassé par une douzaine de chiens seulement, va droit au grand maître qui le tire à 25 mètres à
peine. L'animal tombe, se relève et se sauve, nous montons

en voiture et partons à sa poursuite. L'animal se dirige sur Pont-Charcau, se fait rebattre une grande heure, puis fait tête aux chiens.

M. de Beaucaire crie au piqueux, Louis Merlin, d'avancer, que l'animal est mortellement blessé et que c'est une laie? qu'il peut l'approcher sans crainte!... Le piqueux confiant dans la parole de son maître, descend de cheval et sert l'animal au couteau de chasse.

Mais s'apercevant aussitôt que la laie se trouve un quartenier des mieux armés, il faillit en prendre la jaunisse de frayeur et jura bien qu'il se souviendrait des laies de M. de Beaucaire et lui laisserait à l'avenir le soin de les servir luimême au couteau de chasse.

— Heureusement pour le piqueux le sanglier avait été traversé par une balle au-dessus des côtes, ce qui le gênaît pour se retourner. —

— J'observerai ici que pour servir un sanglier au couteau de chasse, il faut que le veneur s'avance derrière l'animal en portant bas l'arme à la main, et l'enfonce ensuite dans le flanc de l'animal en la dirigeant sur le cœur, et en imprimant à la pointe du couteau un mouvement de haut en bas. Mais, je le répète, on ne peut servir prudemment un sanglier, que quand il est coiffé, renversé et tenu par les chiens, différemment c'est de la témérité. —

— Je n'entreprendrai pas d'entretenir le lecteur de tous nos succès et des massacres de bêtes noires que nous avons faits cette année-là, le détail en serait un peu long et pourrait paraître fastidieux, je me bornerai au récit seulement des chasses dignes d'instruire et d'intéresser les chasseurs.

Autre épisode de chasse à tir.

Quelques jours après mon coup double sur les sangliers et la prise de la *laie* de M. de Beaucaire, nous nous trouvions placés *à la Guéraude,* passage des sangliers, situé près du village des Chamignioux et au centre du vaste réservoir de Pireau. L'équipage, ce jour-là, devait chasser dans les cantons de Valigny une compagnie de bêtes noires très-nombreuse ! Nous étions, depuis quelques heures, dans l'expectative, cachés derrière de grands arbres, lorsque j'aperçois sur la rive en face un énorme sanglier se jeter à l'étang, dans la partie la plus large. . . . .

J'en préviens aussitôt mon ami, en lui observant qu'une fois l'animal à la nage, à plus du milieu de l'eau, nous aurions le temps, en montant en voiture, de lui couper les devants et de nous mettre en face de lui !... L'idée est acceptée ; nous laissons donc le sanglier avancer aux deux tiers de l'étang, puis nous filons au grand trop du cheval pour l'attendre au bord ! M. Charles de Labarre qui avait son équipage chez M. de Beaucaire, et à frais commun, nous suivait à cheval ! il dit très-haut : « Ce serait bien le cas de lui mettre la balle derrière l'oreille ! »

— A vous, marquis, l'honneur !

— Non, non, mais à vous, mon cher, qui prétendez placer les balles comme vous voulez !...

Mon vieux camarade avait de grandes prétentions comme tireur, mais craignant d'être pris en défaut et en contradiction avec certains tours de force qu'il racontait souvent, il hésitait toujours à tirer en présence de nombreux chasseurs : il évitait même, en ces cas-là, de se placer aux meilleurs postes, et s'il lui arrivait de manquer un animal dans le courre d'une chasse, ce n'était jamais lui qui avait tiré !...

Comme il n'y avait pas à discuter plus longtemps, l'animal n'étant plus qu'à une soixantaine de mètres à peu près, je descends de voiture et je dis à mon vieil ami : « Ce n'est pas derrière l'oreille que je vais lui mettre la balle, mais bien dans l'œil ! »

Le sanglier pouvait être alors à 30 mètres de distance, je le vise froidement, le coup part... Le sanglier enfonce la tête sous l'eau !... ce fut le bout de la queue qui parut le premier !.... Il fallut beaucoup de temps et nous eûmes beaucoup de peine à sortir l'animal de l'eau, vu la profondeur de l'étang, et nos manœuvres attirèrent un grand nombre de curieux.

Après avoir bien vu et examiné la bête, on cherche la trace de la balle : personne ne pouvait la découvrir !... Je dis alors aux curieux : « Regardez bien l'œil gauche et, si vous ne voyez pas la trace, prenez des lunettes ?... »

Notre excellent ami comprit alors que ce n'était pas l'effet du hasard qui s'était produit, mais bien celui de l'expérience des armes et se plut à reconnaître qu'il y avait plus fort que lui pour le tir de la balle. — Seule fois peut-être qu'il a fait cet aveu.

Un autre jour, M. L. G..... chassait une quatrième tête ; il avait grand désir de la prendre ; un daguet marchait en tête et bondissait élégamment dans les hautes bruyères du Rond-Gardien ! Arrivant droit sur nous, Babillot, qui était à ses débuts de chasse de ces fauves, était très-agité et redoutait que le cerf de meute ne donnât charge !... M. de Beaucaire, voyant son embarras et voulant être agréable à M. L. C..., me dit en plaisantant : « Mettez donc une balle derrière l'oreille du Daguet !..... »

C'est bien facile, lui dis-je, mais cachons-nous derrière ces genévriers et ne faites pas le moindre mouvement qui puisse l'effrayer et le déranger de sa course !.....

Le charmant animal arrive fièrement à 43 mètres, courant et bondissant ; je le vise à l'endroit désigné par mon vieux camarade ; je tire !.... L'animal tombe, se relève et retombe pour ne plus bouger !..... Les chiens arrivent, ils sont enlevés et mis sur la voix de la quatrième tête et la chasse s'en va, dessus, grand train.

Plusieurs chasseurs se réunissent, et examinent le défunt, qui est trouvé très-beau ! on cherche l'endroit atteint par la balle !..... on la trouve derrière l'oreille !.....

Je crois inutile, d'après ce qui précède, de parler plus longuement des avantages et des agréments que procurent les armes de précision et les exercices de tir. Je vais faire le récit d'autres épisodes curieux et intéressants pour le chasseur et le lecteur.

Un combat corps à corps d'un sanglier blessé et furieux avec un bûcheron. Détails émouvants.

Cette année-là, 1872, un sanglier à son tiers an était vivement chassé par les deux meutes réunies de MM. de Beaucaire et de Labarre, le sanglier avait été tiré et blessé, mais légèrement, car la chasse marchait avec une extrême vitesse ! après une heure et demie environ de menée, l'animal se jette à l'eau à la Guéraude (Etang Pireau ;) les chasseurs suivent la chasse de très-près, ils sont témoins du bat l'eau !..... Comme l'animal n'avait pas beaucoup d'avance, nous le supposions plus sérieusement blessé, nous crions à un nommé Courteau, qui se trouvait sur la rive opposée, d'arrêter le sanglier afin de donner le temps aux chiens d'arriver !.....

Courteau était un braconnier des plus ardents et des plus passionnés, un vrai type ! aussitôt qu'il entendait une chasse, il s'empressait de courir à sa demeure, à proximité de l'étang et de prendre son fusil pour faire le coup de feu, s'il y avait lieu, ou possibilité ! mais, ce jour-là, il n'en eut pas le temps ; occupé à fagoter des genêts, il s'arme d'un gros bois, et va au-devant de l'animal pour lui barrer le passage ! Il lui envoie des pierres et cherche à l'effrayer par ses cris et par ses gestes, dans le but de le retarder dans sa marche nautique. Mais le sanglier attaqué de front, au lieu de fuir en sortant de l'eau, se jette sur le bûcheron qui se défend en brave ! cependant la lutte n'est pas égale !..... harcelé par les coups répétés de son ennemi, Courteau lui présente le..... les..... la partie la plus chanue de sa personne !..... sur laquelle le ragot aiguise ses défenses !..... Le malheureux pousse des cris de fureur et de rage qui nous impressionnent très-vivement !.....

Un des piqueux, Antoine Peyronnet, extrêmement ému, se jette à l'eau pour aller au secours de Courteau, mais le cheval, harassé de fatigue, fait à peine 25 ou 30 mètres qu'il s'enfonce !..... Nous lui crions de toute la force de nos poumons : « Sortez !... sortez ! d'un malheur n'en faites pas deux ! » Le courageux piqueux après de nouveaux et vains efforts, a toutes les peines à revenir à bord !...

Nous crions ensuite à Courteau de se mettre à l'eau ; il s'empresse de suivre le conseil et entre dans l'étang jusqu'à la poitrine !... Le sanglier acharné le poursuit toujours avec rage ; contraint toutefois de se mettre à la nage, il perd sa force si redoutable !..... Le bûcheron le saisit par les oreilles et lui faisant faire demi-tour, lui enfonce la tête sous l'eau !..... mais dans ses violents efforts, il perd pied et disparaît. . . . .

Un instant après nous distinguons un point noir sur la surface de l'eau !.....

Est-ce l'homme ! est-ce la bête ???..... Nous partons de toute la vitesse de nos chevaux au secours du malheureux Courteau, s'il en est temps encore !..... car nous avions au moins 1800 mètres à faire dont une partie à travers bois pour aller à lui !... Nous arrivons !... et nous trouvons le brave et vaillant bûcheron tenant encore, son ennemi vaincu, par les oreilles, les mains crispées, ne pouvant se décider à le lâcher !...peu à peu il se remet de ses émotions !...Il nous raconte les dangers qu'il a courus. Je dois la vie, dit-il, à une souche d'arbre creuse que j'ai rencontrée dans l'étang et sur laquelle j'ai pu prendre pied. J'ai pu maintenir sous l'eau cette bête enragée en lui mettant un genou sur le cou..... mais avant de finir..... il a fait de si terribles efforts qu'il a sorti la tête de l'eau malgré moi, et en se débattant il a porté son *musiau* sur mon visage..... et m'a envoyé une..... rotée..... dans le nez, qui a failli me tuer !..... tellement elle sentait mauvais !.....

Nous examinâmes ensuite les blessures du pauvre Courteau ; nous comptâmes vingt-huit balafres aux jambes et
au..... prussien !..... aucune n'était dangereuse, elles
étaient longues et larges surtout, et effrayantes à voir !

— La morale de ce fait est qu'il y a toujours danger à
aller attaquer un sanglier de front sans armes sûres.

Chasse instructive, prise de deux sangliers blessés en compagnie.

Certain jour de décembre 1872, M. de Beaucaire et moi
chassions les chevreuils, dans les cantons des Cabottes,
avec un meute de 7 à 8 petits chiens bassets bigles-anglais
excellents.

Mon ami était devenu avec l'âge tellement puissant
qu'il ne pouvait plus chasser qu'en voiture.

Nous suivions la chasse quand même, car la forêt est si
bien percée de routes et de lignes, que nous la perdions
très-rarement, même par des temps exceptionnels.

Placés ce jour-là l'un à la route des carrières jaunes,
l'autre sur celle des forges, nous attendions le lancé d'un
chevreuil ; lorsque j'entends venir dans ma direction une
chasse des plus animées et des plus curieuses par la menée
des petits chiens, leurs voix imitaient celle de gros coqs de
basse-cour !.....

Tout à coup j'aperçois à travers le gaulis une compagnie
de sangliers venant à moi !..... Je me baisse bien vite pour
ne pas être aperçu ! Je les laisse approcher à 15 mètres à

peu près, je vise le premier en tête, à la hure, il tombe sur le coup, se relève et se sauve !..... J'en vise et tire un autre en plein corps, et je compte sept têtes noires traversant la route.

J'avais une arme excellente, mais mon premier canon de fusil était chargé à gros plomb, le second à balle.

Je cours vite à la route des forges pour prier M. de Beaucaire d'avancer rapidement, afin de voir aux quatre chemins le nombre de sangliers qui traverseraient la ligne ; je reviens ensuite à toute hâte sur mes pas pour arrêter le chien que je savais le plus ardent sur le sanglier.

Le piqueux arrive s'informer de ce qui s'était passé ; je le prie d'aller demander à son maître s'il a vu les sangliers traverser la route et s'il les a comptés, et de revenir bien vite m'apporter la réponse.

Ce fut mon vieux camarade qui arriva le premier m'en informer ! j'en ai compté cinq, me dit-il, tous très-beaux !

En ce cas il en reste deux dans les Cabottes qui sont blessés, lui dis-je ! Laissez-moi faire et je me charge de les trouver tous les deux !..... Suivez en attendant, sans vous en préoccuper, la chasse des petits chiens et tâchez d'en pistonner autre deux.

Mais comment allez-vous vous y prendre pour les retrouver, comme vous le dites ! — C'est mon affaire ! je vous le dirai ce soir.

Je rentre aussitôt au bois avec le petit chien Corbeau, que je conduis à la laisse sur la trace de la compagnie de bêtes noires ! je la suis en enfonçant les talons de ma chaussure le plus profond possible dans la terre, afin de pouvoir retrouver ma piste et en faisant des brisées chaque fois que mon chien me donne la voie ou que j'en ai connaissance. Après quelques instants de ce travail, je découvre du sang aux arbres, là où avait touché le paroi de l'animal, j'en trouve à terre également ! je continue toujours de suivre la voie pendant deux cents mètres à peu près !... Ne rencontrant plus d'indices, je dus conclure qu'un des sangliers blessés, les deux peut-être, restaient en arrière !.....Je revins donc sur mes pas en ayant soin de me tenir à quelques mètres de mes brisées... tout à coup mon chien évente, je le suis, regardant attentivement, et je vois les traces du sanglier et du sang aux arbres et aux branches contre lesquels il s'était frotté. Corbeau emmène cette piste hardiment ! il arrive à un fossé couvert de ronces, d'épines et de bruyères qui rendent impossible la poursuite de l'animal à l'aide du trait ! force est de lâcher le chien ! qui s'en va sur la voie criant comme un enragé.

Je le suis d'aussi près que possible ! Je cours le plus souvent, il m'emmène ainsi dans les futaies du Rond-Gardien et de Mora dans lesquelles je m'enfonce jusqu'au jarret ! mais c'est un détail... L'animal se fait chasser pendant deux grandes heures et arrive à un taillis près du Rond-Point de Mora dans lequel il s'engage en suivant un sentier couvert et très-étroit..... Je serrais le petit chien d'aussi près que possible, parce que je savais d'avance qu'il ne tiendrait pas les abois et que s'il les abandonnait sans que je m'aperçoive du défaut, c'était un sanglier perdu. J'arrive donc, toujours courant, près du taillis. Je trouve Corbeau buvant dans une ornière et dans l'attitude d'un chien qui a mis bas. Mais comme je connaissais son courage, sachant d'autre part, que n'ayant pas été surmené ce n'était point à la fatigue qu'il fallait attribuer son découragement, mais bien à la crainte d'aborder le sanglier, je l'excite alors de la voix, cherchant en même temps à reconnaître les traces de l'animal. Je les découvre dans la fausse ligne près de laquelle j'avais rencontré Corbeau. Je remets le chien dessus ! à toi Corbeau ! oh ! oh ! il coule et donne un coup de voix. Il fait dix ou douze mètres et s'arrête... Je regarde attentivement à terre et de tous côtés, j'aperçois quelques traces de sang..... j'appelle Corbeau qui me suit derrière et ne veut plus avancer... je crie, je l'excite ! mais rien ; j'avance toujours lentement pour mieux voir et suivre les traces du blessé, tout à coup, je l'aperçois bondir... Puis, comme sa blessure le faisait affreusement souffrir, paraît-il, il s'arrête et me regarde... Je lui envoie aussitôt une balle entre les deux yeux. Elle l'anéantit..... Oh oh ! mon Corbeau, voici qui est bien touché, bien travaillé ! C'était une bien belle laie de 3 ans, pesant 130 à 140 livres environ. (J'en fais mon mea culpa bien sincère.)

A l'autre maintenant, au retour à la voie. A la voie ! et je reprends le chemin du lancé qui se trouvait à cinq kilomètres de là. J'avais mis environ 3 heures pour prendre mon sanglier. Il était une heure du soir à ce moment-là. Je me hâte donc d'aller à la route reprendre la voie de la compagnie. J'entre au bois sur le côté gauche de mes brisées à deux ou trois mètres à peu près.

J'arrive ainsi, avec mon chien en laisse, jusqu'à la brisée du sanglier que je venais d'achever, bien certain d'avance, que son camarade, que j'avais tiré en tête, devait être mort également, ou bien malade. Je reprends le côté droit des brisées en remontant le bois ! appuyant mon gentil Corbeau, épiant tous ses mouvements. Après un quart d'heure de quête, à peu près, il se met à donner des coups de nez et tire sur le trait... Je lui rends la main et le suis très-rapidement sous bois. Il entre dans de grandes bruyères... et s'arrête..... Je fais un bond en avant et j'aperçois mon sanglier mort... un beau ragot de 120 livres au moins. Il avait le côté gauche de la hûre et le cou criblés de plomb.

Bravo, Corbeau...ah, oh ! mon vieux ! tiens, attrappe ces deux pruneaux ! et gare à toi en avalant les noyaux et sauvons-nous. J'arrive au Point du Jour ; mon vieil ami n'était pas rentré... Je repars à sa rencontre ! La nuit approchait... j'allais tout doucement sur la route d'Ainay-le-Château lorsque j'entends le bruit d'une voiture arrivant grand train ! J'entre au bois afin de faire une surprise à mon ami ! Au moment de son passage, je sors précipitamment : — ah ! ah ! vous voilà ! Et vos sangliers !

— Je crains bien qu'ils ne couchent en forêt.

— Je m'en doutais...

— Attendez donc... à moins que vous me donniez une voiture pour aller les chercher tous les deux...

L'un près de la loge du cantonnier du Rond-Gardien, l'autre à la route des carrières.

Un vigoureux coup de fouet donné au cheval fût sa réponse.

Car, bien que très-content dans le fond, mon bon vieil ami, ne put maîtriser ce vieux sentiment de jalousie qui se manifestait en lui au succès de tout chasseur. Nous rentrâmes à la maison, je partis immédiatement avec le jardi-

12

nier et la voiture de M. de Baucaire chercher les deux défunts.

Il était nuit close, lorsque je revins au Point du Jour enchanté de ma réussite ! mais, pour ménager la susceptibilité
de mon vieux camarade, je lui racontai que le hasard seul
m'avait favorisé.

J'observerai ici, pour la gouverne du chasseur inexpéri-
menté, qu'un sanglier en compagnie, blessé d'un coup de
feu, se sépare toujours de la bande. Le talent du chasseur
dans ce cas est de découvrir l'endroit de la séparation. Je
crois l'avoir suffisamment indiqué dans le récit de cette
chasse difficile.

IX

LE VAUTRAIT DE PRYE (NIÈVRE)

M. le Mis du Bourg représente, par ses qualités rares et sa distinction, l'antique caste des preux chevaliers d'autrefois. Sa bravoure légendaire, sa bonté inépuisable, son esprit vif et éclairé, sa fermeté et sa bienveillance inaltérable font de M. le Mis du Bourg le parfait gentilhomme.

— En 1300, du Bourg, marquis de Bozas, comte de St-Polgue, puissant seigneur du Vivarais et en forêt, possédait la seigneurie d'Azy, de Valotte, d'Imphy, de Forés et d'Auvergne. Un membre de la famille épousa en 1785 la fille du marquis de Las de Prye, qui lui apporta la terre de ce nom. —

La Providence a accordé de longs et heureux jours à ce noble patriarche pour lui permettre, certainement, de recueillir les hommages dûs à tant de vertus réunies, et que sa sainte femme, Mme la marquise du Bourg, ses enfants et petits-enfants, ainsi que tous les honnêtes gens, sans exception, se plaisent à lui rendre!

M. le Mis du Bourg, grand chasseur, a créé, il y a une cinquantaine d'années, au milieu de sa belle terre de Prye, un parc admirable, d'une étendue de plus de deux cents hectares en prés et bois qu'il a fait entourer de hautes murailles.

M. le Mis du Bourg prenait grand plaisir à élever chaque année de grande quantité de faisans et de chevreuils. On voyait et on voit encore des hardes de vingt et trente chevreuils, venir au gagnage en plein jour, au milieu de bandes de jeunes chevaux, dans les belles prairies qui entourent le château. C'est un coup d'œil aussi varié que charmant ; surtout le soir au déclin du jour lorsque, comme pour compléter le tableau, la multitude des faisans vient se percher pour passer la nuit sur les longues branches des grands pins !

Une des satisfactions du propriétaire était de faire, chaque jour, à l'époque de la chasse, le tour de son parc et de fusiller impitoyablement tous les coqs faisans réfractaires !

Comme maire de la commune, M. le Mis du Bourg a rendu, pendant de longues années, les plus grands services au pays et aux habitants.

Depuis quelques années M. le Mis du Bourg s'est retiré à son hôtel de Nevers. Il a cédé son magnifique parc et son château à son fils M. le Cte du Bourg, dans le cœur duquel il a gravé de bonne heure les sentiments du devoir et de l'homme de bien. Aussi M. le Cte du Bourg est et sera un jour le digne et noble représentant de cette très-ancienne et très-honorable famille.

M. le Cte du Bourg est un veneur des plus distingués, avec des goûts de sportsman et de gentleman très-prononcés. Pro-

priétaire d'une fortune considérable, il habite le château de
ses pères dans la riche vallée des Amognes, où il s'adonne à
l'élevage du cheval de sang et de demi-sang. Le nombre de
ses juments poulinières et de ses élèves dépasse la centaine.
Elles sont choisies avec une minutieuse attention dans les
écuries les plus renommées de France, d'Angleterre et du
Norfolk. La fécondité du sol et les qualités substantielles
des herbages de ce pays, exercent, sur la race hippique, les
plus heureux effets et lui donnent une force et une vigueur
extraordinaires.

Voisin et ami du noble comte du Bourg, j'ai suivi avec
une vive curiosité les progrès de cette importante création
chevaline et je puis dire que les chevaux élevés dans le parc
de Prye sont généralement très-beaux et très-vigoureux :

M. le Cte du Bourg élève également un grand nombre de
chiens courants et de chiens d'arrêt des plus grandes races,
choisis et importés par lui dans les meilleurs chenils d'Angleterre !

En 1874, M. le Cte du Bourg avait ramené de Londres
cinquante fox-hounds des chenils les plus renommés de la
Grande Bretagne. Tous ces chiens étaient jeunes et vigoureux et admirablement bâtis pour résister aux plus grandes
fatigues.

Mis sur la voie de grands sangliers et entraînés par un
certain nombre de bâtards et de chiens français, les fox-
hounds chassèrent assez bien pendant la première heure,
mais l'animal se faisant continuellement rebattre dans les
fourrés les plus épais, les chiens anglais ne tardèrent pas à
se décourager et à abandonner la voie pour suivre les chevaux des piqueux et valets de chiens, ce qui me confirma

dans ma première opinion, (reportant mes souvenirs aux chasses de 1854 et années suivantes de feu M. le Cte A. Des Roys et à l'avis exprimé par les plus grands maîtres,) que le chien Anglais n'est bon qu'en débouché ou en futaies sur des voies brûlantes et sur la fin des chasses, mais que dans des bois difficiles comme ceux de la Nièvre, dans lesquels les chiens rencontrent à chaque pas des fourrés de ronces impénétrables, de longues branches d'arbres entrelacées, près du sol, les unes dans les autres et jamais de débucher, les chiens anglais ne conviennent nullement, car toutes leurs qualités particulières et exceptionnelles se trouvent alors neutralisées. M. du Bourg a fait cette année-là toutes les expériences possibles et, vaincu par l'évidence, il a renoncé aux chasses des fox-hounds, ce dont je le félicite, vu la nature du pays qu'il habite, de même aux chevaux de pur sang pour chasser dans des chemins perdus et passer dans les ronces et les épines.

Le vautrait de Pryc se compose aujourd'hui de bâtards du Haut-Poitou! Chiens excellents et admirables par l'élégance de leurs formes et par leur robuste constitution.

M. du Bourg a l'amour du beau et bon chien, il réforme invariablement les moins brillants pour les plus minimes imperfections, irrégularité de pelage, trop ou pas assez de taille etc. Aussi tous ses chiens sont-ils d'une beauté et d'une qualité irréprochables.

Chaque fois que je voyais découpler ces beaux animaux sur un grand sanglier, je ne pouvais me défendre d'un sentiment d'appréhension! Je redoutais toujours qu'il leur en mésarrivât! Et ce n'était pas sans raison, ainsi que le lecteur va pouvoir en juger : M. du Bourg a toujours, dans les fossés d'enceinte du château de Prye, un certain nombre de sangliers de différents âges destinés à former ses chiens.

De temps à autre, il fait lâcher un ragot dans le parc et découpler cinq ou six jeunes chiens sur la voie. Un nombreux personnel, muni de fouets bien enmanchés, suit à cheval ! Malheur au chien qui part sur un chevreuil !... tous tombent dessus et lui administrent une correction des plus vertes !... A la troisième, il est complétement corrigé.

Lorsque l'éducation de tous les jeunes chiens est complète, on les lâche ensemble sur la voie du sanglier !... ce jour-là, c'est la chasse des dames !

Le parc de Prye a la forme d'un carré long, il est situé dans une charmante vallée : la partie basse qui est en prairie, représente plus de la moitié du clos ; des côteaux en taillis et futaies pelousés, traversés par des allées en tous sens, occupent l'autre partie. Un ruisseau longe la prairie dans le milieu. Sur ce cours d'eau se trouvent plusieurs ponts couverts en chaume et fermés par des barrières mobiles, ce qui permet aux gracieuses chasseresses de voir passer et repasser la chasse en toute sécurité.

L'animal chassé est forcé de traverser les prés et l'eau pour se rendre d'un bois à l'autre, suivi de cinquante ou soixante chiens, et des piqueux qui ne cessent de sonner les bien-aller, les bat-l'eau et la vue ! L'entrain est donc des plus animés et le coup d'œil des plus gais et des plus amusants.

Ce jour-là, l'animal est sacrifié et doit être porté bas par les chiens, servi au couteau de chasse, puis abandonné à la meute. Telles sont les conditions dans lesquelles la bonne et aimable châtelaine de Prye invite ses amies à venir assister au laissé-courre d'un sanglier du parc de Prye.

La chasse dure quelques fois plusieurs heures et se termine presque toujours au ruisseau, ce qui complète le tableau! C'est donc une fête des plus agréables pour les dames, toujours suivie d'une brillante soirée à laquelle préside l'aménité et la plus parfaite courtoisie.

— Ces chasses exceptionnelles ont le très-grand avantage de mettre les chiens dans la voie du sanglier et sous le fouet, mais elles ont l'inconvénient de rendre les chiens trop mordants et imprudents! Je vais citer un exemple! —

Un jour néfaste, l'équipage de Prye attaque un grand sanglier dans les bois de Saint-Ouen; après quatre heures de chasse très-mouvementées, l'animal est mis aux abois à la nuit tombante, près du parc de Prye, le ruisseau était débordé par suite de pluies torrentielles, le quartenier fait fort sur une espèce de butte qui se trouvait au milieu de l'eau! Impossible d'aller aux chiens...

. . . . Le bataille fut acharnée et terrible.....

. . . . Seize bâtards des plus beaux et des plus courageux furent tués!... et le sanglier ne put être servi!.....

Ce fut une grande perte, non seulement parce que ces vaillants chiens étaient excellents, mais parce qu'ils représentaient le meilleur sang du Haut-Poitou! D'où il faut conclure, qu'on ne doit pas trop s'attacher à la beauté des chiens destinés à courre le sanglier, par la raison qu'ils sont exposés chaque jour de chasse à être tués? ni les rendre trop mordants non plus.

Je vais terminer ce chapitre par le récit d'une chasse très-instructive dont j'ai été témoin :

La chasse à courre est très-difficile en Nivernais, parce que les forêts sont immenses et très-fourrées et les enceintes ou tennements de bois trop grands, ce qui ne permet pas de surveiller le change!... A ces écueils vient encore s'ajouter un danger des plus inquiétants! Dans certaines parties des forêts, on rencontre un grand nombre de minerais! Ce sont des trous en forme de bouteille, très-étroits à l'orifice (50 à 60 centimètres) ,très-larges au fond, d'une profondeur de 10, 20, 30 mètres et cachés le plus souvent par des branches ou des bruyères. Ils sont extrêmement dangereux.

Ces trous ont été creusés autrefois pour extraire le minerais qui se trouve enfoui à une certaine profondeur et dont avaient besoin alors les forges d'Imphy, de Guérigny et d'ailleurs! Ces minières ont été abandonnées depuis bien des années et sont restées telles!... Tous les ans, il arrive des accidents les plus lamentables!... Il y a une quinzaine d'années, un nommé Thibaudat, garde de la famille du Vergne, en faisant sa tournée, est tombé, par mégarde, dans un de ces minerais très-profond, il y est resté deux jours et une nuit à crier et à gémir. Une femme qui cherchait du bois mort a entendu ses plaintes! et est allée chercher les gens d'un domaine voisin, qui ont arraché le malheureux à l'effroyable situation dans laquelle il se trouvait!.....

. . . . Le fusil du garde était resté, disait-il, en haut de l'orifice du minerais, heureusement, car Thibaudat a affirmé que s'il l'avait eu en sa possession il s'en serait servi pour mettre fin à ses horribles souffrances !...

.   .   .   .

Il arrive fréquemment des accidents : des chevaux, des bœufs ont péri dans ces affreuses minières ! Onze chiens, à M. le Cte du Bourg sont tombés un jour de chasse, en 1876, dans un de ces puits à sec en courant au sanglier ! Il a fallu aller chercher des cordages et y descendre un homme pour les remonter. Souvent elles se trouvent pleines d'eau, malheur alors à qui, homme ou animal, s'y laisse tomber !

Des plaintes ont été portées auprès de l'administration supérieure par les maires et les habitants de plusieurs communes, à la suite d'un incendie de forêt qui eut lieu la nuit. Plusieurs personnes faillirent être victimes de leur dévouement, mais ces plaintes sont restées sans effet !

Comme le lecteur peut en juger, il y a de grandes précautions à prendre pour chasser dans ces contrées, et il faut de plus avoir un grand amour de la chasse.

Cet exposé fait, j'arrive au récit du laissé-courre des chiens anglais et bâtards de M. du Bourg :

En novembre 1874, un sanglier à son tiers-an avait été attaqué dans les cantons de la Machine par l'équipage de Prye, composé à cette époque de trente fox-hounds et d'une vingtaine de bâtards.

La chasse fut très-animée pendant cinq heures, le sanglier fut chargé à cheval, à deux reprises différentes par le maître d'équipage et par ses hommes, dans de jeunes ventes en exploitation et la chasse fut menée aussi rapidement que le permettait la nature du sol et des bois.

— Il était alors trois heures du soir. —

Le sanglier se faisait rebattre dans les fourrés du Châlet, les plus épais de la forêt d'Azy. Tous les chiens, à peu près, avaient lâché la voie, il ne restait plus que trois bâtards vigoureux qui chassaient l'animal avec une ardeur superbe!... Les chasseurs étaient découragés, les chevaux harassés, découragés! Le maître d'équipage seul conservait encore de l'espoir! Doué de beaucoup d'esprit d'à-propos, il donne ordre très-énergiquement à son piqueux Duviviers, aussi courageux que robuste, de suivre son vaillant chien Harpeur, dont la voix retentissante enflammait l'esprit et le cœur des vieux veneurs..., qui savaient par expérience qu'à la chasse il ne faut jamais désespérer du succès, et de sonner sans relâche pour attirer les chiens à soi ; et il prescrit au second piqueux, Joseph, et aux valets de chiens, de suivre les trois braves bâtards aussi près que possible pour les encourager et pouvoir, en même temps, juger les chiens et faire choix des meilleurs.

— Les chiens qui avaient lâché pied n'avaient pas, pour la plupart, les poumons faits à tournir des courses aussi rapides et d'aussi longue haleine, ils étaient plutôt essoufflés que rendus. —

Voilà donc les hommes et les chiens à la suite de Harpeur, de Roméo et de Tintamare! sonnant, criant et excitant la meute par un entrain des plus bruyants! Les foxhounds qui avaient repris un peu haleine, sentant la voie brûlante, se remontent peu à peu et font entendre leurs cris aigus et perçants qui indiquent que l'animal est à leur nez!..... Pressé par l'ensemble des chiens le ragot sort des fourrés, s'engage dans les bois d'Azy et après trois quarts

d'heure d'une menée ronflante, il est porté bas près des
prés de Lavault!... Le piqueux Duviviers lui a brisé la tête
avec un marteau en fer enmanché au bout de son fouet.

Cette fin de chasse a été admirablement belle et due à
l'initiative du maître d'équipage, à l'intrépidité de ses
hommes et au courage du vaillant chien Harpeur, bâtard du Haut-Poitou !

X

DE LA CHASSE DU LIÈVRE

Je crois devoir observer au lecteur, au commencement de
ce chapitre, que la chasse du lièvre est incontestablement la
plus difficile, non-seulement parce que c'est un animal très-
rusé mais encore parce qu'il ne laisse parfois que des émanations très-fugitives, surtout lorsqu'il suit les chemins,
bat ses voies sur les terres sablonneuses et qu'il *est sur ses*
fins.

On chasse le lièvre de différentes manières, avec des
chiens français ou avec des bâtards. Je vais parler de la plus
intéressante, de la chasse à courre, et par conséquent de la
chasse à tir, car qui peut plus, peut moins.

Le point important et de départ, dépend de la situation
dans laquelle se trouve le chasseur et du pays qu'il habite?
S'il tient à ménager ses lièvres ou non etc. ? Le talent du
chasseur est donc de savoir s'organiser suivant les circonstances et sa manière de voir et de chasser. Toutefois je
vais parler de la position, la plus ordinaire, dans laquelle
se trouve généralement placé le plus grand nombre.

Partant, le chasseur qui veut chasser le lièvre à courre avec six, huit ou dix chiens et plus, doit se procurer des chiens français de bonne race, de taille moyenne, de 50 à 60 centimètre au plus.

Le chien de tête doit être *très-sage* dans la menée, c'est-à-dire très-droit sur la voie et très-sûr de gueule, par la raison que la rapidité de son allure, qui attire et entraîne par coutume les autres chiens, aurait pour effet de faire précipiter les autres chiens à sa voix et les faire fatiguer inutilement. Pour les autres, le défaut de *donner* légèrement n'a pas le même inconvénient, car les chiens trompés une fois ou deux ne s'y laissent pas reprendre.

Il faut que tous les chiens s'occupent activement dans les défauts et le chasseur devra les maintenir de longues heures pour leur apprendre à ne pas se décourager et à chercher leur animal près de l'endroit où ils l'ont perdu, dans tous les coins et recoins ; faire faire aux chiens des élans en avant en les étendant successivement. — Je dis en avant, parce que le chien courant est porté ordinairement à reculer, ce qui est un grand défaut, il faut donc le corriger et lui faire prendre l'habitude de se porter en avant ! Rien n'est beau selon moi comme le forlonger d'un grand lièvre ? Le chasseur peut distinguer, dans ces cas là, les chiens les plus sages, ceux qui ont le meilleur nez, qui enlèvent le mieux la voie, les plus rusés pour la débrouiller, car le lièvre a parfois des ruses diaboliques, surtout lorsqu'il a été chassé plusieurs fois ?

Lorsque la meute a pris l'habitude de *tenir les défauts*, elle fera ensuite le travail sans l'aide et sans l'appui du chasseur, ce qui lui évitera, par la suite, s'il chasse à pied, bien des fatigues, mais dans le principe il devra se donner de la peine pour former sa meute afin de pouvoir en recueillir les agréments et les avantages plus tard.

Il devra réformer impitoyablement les chiens bavards qui reculent dans les défauts en donnant de la voix ?

J'ai chassé le lièvre pendant bien des années, j'ai toujours réussi à faire des chiens excellents. J'ai forcé bien des lièvres avec quatre chiens français, j'en ai même pris bien des fois avec deux chiennes parfaites qui chassaient le même animal la journée entière.

Le chasseur devra éviter de choisir les chiens trop chargés d'oreilles ce qui annonce orninairement des chiens lents, trop collés et sans instinct. Il devra rechercher le chien ayant l'oreille ni trop haute, ni trop basse, ni trop longue, ni trop épaisse, ni courte, mais bien faite, tombant bien. Le rein droit, la patte ronde, les narines bien ouvertes.

Il les mettra de bonne heure sous le fouet, afin d'en obtenir une parfaite soumission dans la quête et dans les défauts en chasse.

Je garantis au jeune chasseur, qui suivra ces principes, les résultats et les surprises les plus agréables. Je puis en parler savamment, car j'ai chassé une partie de ma jeunesse dans les montagnes du Bourbonnais à peu près dénudées ; quelques baqueteaux épars et très clairs, des bruyères et des genêts, un sol granitique et rocailleux, très-accidenté, permettaient au chasseur de voir la chasse, le lièvre et la meute, les ruses de l'animal, les qualités et les défauts des chiens. J'étais de plus à bonne école ayant pour camarade en Saint-Hubert les chasseurs les plus expérimentés.

J'ai vu forcer bien des lièvres. J'en ai entendu crier sur

leurs quatre pattes raidies ne pouvant plus les faire mou-
voir! d'autres tomber les quatre pattes en l'air en courant,
tués d'un coup de sang? mais le plus grand nombre pris à
la course par les chiens dans les relancés.

Une meute de bons chiens est très-agréable, mais que de
peine et de patience pour la former, surtout quand on n'a
pas le *noyau*, c'est-à-dire quelques chiens habitués à prendre l'animal?

Que de fois j'ai entendu dire à des chasseurs : « J'ai
« chassé un lièvre cinq heures, il ne pouvait plus aller, il
« *était forcé*, nos chiens l'ont abandonné au moment de le
« prendre, je ne puis m'expliquer leur découragement, ni
« m'en rendre compte etc. »

Je crois répondre à cette observation :

Un lièvre sur ses fins ne laisse que des effluves infimes
le chien qui n'a pas l'habitude de distinguer ces exhalai-
sons si fugitives, et de forcer l'animal, se décourage et lève
le nez!..... De plus, comme les chiens sont ordinairement
très-fatigués à ces moments-là, ils se découragent et lâchent
la voie..... Les chiens accoutumés à prendre la bête de lassitude, sont au contraire très-tenaces à la voie aux derniers
moments; les uns s'y collent. D'autres au contraire quêtent
en chien d'arrêt, éventant les ronces, les broussailles, d'autres reculent : chaque chien semble avoir une spécialité par-
ticulière dans sa quête ; et cela est si vrai que je citerai un
fait qui le fera comprendre parfaitement au lecteur ?

Un lièvre sur ses fins avait battu et rebattu un sentier
sec et graveleux, mon chien de tête, très-vite et très-rusé,
avait suivi le même sentier et n'avait eu aucune connaissance du passage de l'animal, il recule et quête près de

l'endroit où il avait senti les dernières émanations. Un autre chien, très-fin de nez arrive, suit le sentier, se rabat en filant doucement la voie et finit par donner un coup de voix ! Le chien de tête accourt, certain que son camarade a dit vrai ? Il flaire le sentier ! mais ne sent rien..... Que se passe-t-il alors ? Le chien fin de nez, se colle à la voie, la suit pas à pas, tandis, qu'à quelques mètres de lui, le chien de tête, guidé par cet indice et par ses instincts, évente en tous sens pour savoir si le lièvre n'a pas fait un saut de côté et n'est pas blotti derrière une ronce ou un buisson, et fait comprendre par ses manières qu'il rachète par la ruse l'imperfection des facultés olfactives qui lui font défaut :

Comme j'avais vu le manége du lièvre avant de se relaisser, j'ai voulu abandonner à mes chiens le mérite de le relever ?... Je brûlais d'impatience !..... Mais je me contins quand même ?..... Les autres chiens étaient un peu sur les ailes quêtant toujours infructueusement : lorsque tout à coup le chien de tête dont la spécialité était de quêter la tête haute en flairant le terrain en tout sens ! se précipite sur le houx ? le lièvre repart grand train mais portant la hôte !... les deux chiens lui soufflent le poil, les autres arrivent en lui coupant les devants ? Il fait des feintes inutiles ? il est pris, déchiré et croqué à belles dents ?.....

Il n'est donc pas étonnant, comme je viens de le dire, que de jeunes chiens, qui ne sont pas accoutumés à forcer et à prendre le lièvre dans les relancés, se découragent au dernier moment ? Le point important pour les former est de rester au défaut et de quêter le lièvre de meute avec opiniâtreté. En travaillant ainsi à leur éducation les chasseurs travailleront à leur agrément et à leur satisfaction à venir !

13

La ruse habituelle du lièvre sur ses fins est de doubler sa voie dans les sentiers, de faire ensuite un saut de côté et d'attendre que les chiens aient passé pour reprendre son contre-pied, de doubler encore et de recommencer jusqu'à ce qu'il trouve un endroit propice pour se cacher plus sûrement.

Dans certains pays de plaine, tels que la Sologne, l'Indre, certaines parties du Bourbonnais, la chasse à courre est fort jolie et fort amusante !

Les chasseurs qui peuvent avoir une meute de dix ou douze chiens et qui ne tiennent pas à ménager les lièvres devront élever de préférence des bâtards de Saintonge, ou à défaut faire saillir des chiennes du pays avec un fox-hound reconnu par ses qualités comme chien ardent et chasseur. — Le *premier* croisement est toujours bon. — J'ai vu les produits de ces alliances forcer jusqu'à trois lièvres le même jour !.....

M. E. de Combes des Morel, veneur émérite, chasse une partie de l'année, à l'arrière saison, le sanglier en Nivernais, avec M. le Vte D'Anchal, mais en attendant et pour tenir ses chiens en haleine, il chasse le lièvre en octobre et novembre en Bourbonnais à sa terre des Morel, près Saint-Pourçain (Allier) : sa meute composé de 35 à 40 bâtards force et prend souvent jusqu'à 4 lièvres le même jour !...

Toutefois, je ferai observer ici que le lièvre est un animal si timoré, que la frayeur le paralyse parfois, surtout lorsqu'il n'a pas l'habitude des chiens, il se laisse prendre souvent sans se défendre.

Sans parler de meutes aussi nombreuses, on peut facilement forcer avec une douzaine de chiens, un et deux lièvres le même jour, mais je le répète, pour faire prendre aux chiens la ruse et l'habitude de forcer, il faut ne leur faire chasser, dans le principe, qu'un lièvre par jour et les tenir au défaut jusqu'à ce qu'ils l'aient relevé, ou abandonné par la force des choses et des circonstances !

Je crois devoir prévenir également les chasseurs qui se décideront à former une meute de bâtards, que s'ils éprouvent par fois des émotions agréables en chasse, ils auront à subir, les jours de chaleur et de mauvais vent, ou mauvaise terre, bien des déceptions !..... Il ne faut pas qu'ils soient étonnés, ces jours là, de voir leurs chiens lever le nez en l'air !..... ne voulant pas quêter?..... Les vrais chasseurs s'en consoleront en pensant que si la nature avait donné toutes les qualités réunies, le nez, la vitesse, la tenue et la ruse à la même race de chien, depuis longtemps la destruction du gibier serait complète. Il faut donc apprécier les qualités principales et savoir s'en contenter : car la perfection n'existe pas en ce monde, pas plus dans la race animale que dans l'espèce humaine ! hélas !...

. . . .

Je n'entreprendrai pas de parler de la chasse du chevreuil : un écrivain de talent, grand maître en venerie, M. de Chabot, en a trop bien fait la description dans ses ouvrages, pour que je puisse ajouter la moindre réflexion? autre que celle de l'approbation. Les détails donnés par le noble et vaillant disciple de Nemrod, sont d'une exactitude parfaite. Ils dénotent une étude constante, un savoir et une intelligence exceptionnels pour apprécier toutes les ruses de ce charmant gibier et les déjouer. Ils montrent également un grand talent pour mettre les chiens *dans la voie* d'un animal des plus difficiles à chasser et à forcer? aussi me résumerai-je en disant que les ruses habituelles de cet animal, sont de battre l'eau, de doubler ses voies? et de donner change :

XI

CONSIDÉRATIONS SUR LES CHIENS COURANTS

Toutes les races et espèces de chiens ont généralement des qualités et des défauts ; l'important est de savoir distinguer la plus apte à remplir le but du chasseur, suivant ses goûts, ses idées et le pays qu'il habite.

Selon moi, c'est un vrai talent que savoir faire choix d'un bon chien et d'un bon cheval !... Je ne parlerai pas de celui d'une bonne et jolie femme, et d'une aimable belle-mère ; je laisse ce soin à de plus clairvoyants que moi sur tel chapitre et leur souhaite bonne chance !.....

— Bellement, Roméo, à la voie, au retour ! —

Je reviens à la première question : j'ai parlé à mon premier chapitre des chasses d'autrefois et des chiens français. Je vais maintenant passer en revue les races ou espèces de chiens courants qui conviennent le mieux pour chasser nos divers gibiers de France :

Le cerf d'abord, puisqu'il est considéré comme le roi des forêts.

Le sanglier ensuite,

Le loup,

Le renard,

Le chevreuil,

Le lièvre,

Et enfin Jeannot lapin.

D'après les traditions laissées par ceux qui nous ont précédés, nos races françaises de chiens courants étaient excellentes, vites avec beaucoup de tenue ; il est donc bien regrettable que les anciens veneurs ne les aient pas mieux conservées. Force est cependant de nous servir de celles qui nous restent ; bien heureux encore de pouvoir en posséder de précieuses telles que celles de Gascogne, de Saintonge et de Vendée qui sont à mon avis les plus remarquables et les plus précieuses.

Ce que les chasseurs recherchent aujourd'hui, ce sont des chiens bien faits, vites, criant bien et ayant beaucoup de tenue ???

Ces chiens se rencontrent quelquefois, en effet, mais, il faut le dire, très rarement, car avec une meute composée de chiens qui réuniraient ces trois qualités, le chasseur ne trouverait pas d'animaux capables de lui résister : la chasse serait par trop belle et agréable et par trop séduisante et entraînante pour la jeunesse ; La nature a donc été prévoyante et sage en n'accordant pas toutes les qualités réunies à la même race, et aussi en créant des chiens ayant des qualités spéciales et particulières pour les pays dans lesquels ils sont appelés à chasser. Il s'en suit donc que tel qui brillera dans une zône ne vaudra rien pour chasser dans une autre, ou du moins son aptitude et ses qualités particulières se trouveront neutralisées.

Comme exemple : que le chasseur français importe d'Angleterre le meilleur des fox-hounds dans le midi de la France pour chasser le lièvre !... Il est certain qu'il ne réussira pas ! de même, que le chasseur anglais veuille importer du midi le meilleur des chiens de Saintonge, ou de Gascogne en Angleterre pour forcer et prendre le renard !...Il ne réussira pas mieux ?...Les qualités de l'un et de l'autre étant diamétralement opposées ? Le premier brille par la vitesse et la tenue, mais manque de finesse de nez et ne crie guère ; le second au contraire se distingue par la puissance de ses facultés olfactives et par sa voix formidable. Les chasseurs des deux pays sont généralement très contents de leur race.

Tous les chasseurs apprécieront certainement ces observations, mais l'amour de la chasse est, parfois, si vif qu'il fait désirer la perfection des races. Sans vouloir désillusionner le jeune chasseur, je le préviens, par devoir, et je l'engage à être raisonnable dans ses exigences, différemment il éprouverait des mécomptes et ferait des écoles onéreuses car il n'aboutirait pas, ou imparfaitement. Il faut donc savoir se contenter des races que nous possédons, les améliorer et en tirer meilleur parti possible en leur donnant à chasser les gibiers qui leur plaisent et leur conviennent le mieux.

Du reste, nous avons aujourd'hui des races ou espèces de chiens courants qui approchent de la perfection, soit pour chasser le sanglier soit pour chasser le cerf. Je veux parler du bâtard du Haut-Poitou, malheureusement très-difficile à se procurer, même à des prix excessifs. Le malheur de la vènerie du jour, est que le plus grand nombre des veneurs ne veut pas se donner la peine d'élever et préfère acheter des chiens prêts à chasser.

Tous, faisant le même calcul et le même raisonnement, il en résulte que les races se perdent et que ceux qui élèvent gardent pour eux les meilleurs chiens ou les vendent à des prix exorbitants, qui ne permettent alors ni d'utiliser leurs aptitudes et leurs qualités exceptionnelles, ni de leur faire chasser par exemple le grand sanglier qui les tuerait impitoyablement, vu leur ardeur et leur bravoure.

Je considère donc comme un fait excessivement regrettable, que les chasseurs ne veuillent plus élever.

La chasse du cerf est extrêmement attrayante, surtout dans les pays de débucher, tels que la Sologne et autres, car, selon moi, les changements de forêt et la vue de l'animal et des chiens à sa poursuite est le plus beau côté de ce charmant sport. Le laissé-courre en forêt est moins agréable et plus difficile pour les chiens parce que l'animal ruse, rebat ses voies, suit les cours d'eaux, donne change ; aussi faut-il des chiens doués de qualités exceptionnelles de finesse d'odorat et d'intelligence, pour débrouiller ses manières et moyens de défense.

On force le cerf avec les chiens français, avec les bâtards et même avec les fox-hounds en plus ou moins de temps, tout dépend de la manière de chasser du maître d'équipage. On peut très-bien forcer un cerf avec de bons chiens français de Vendée, en pays ordinaire en 3, 4, 5 heures suivant la vigueur de l'animal ! de même qu'avec des bâtards on peut le prendre en 1, 2, 3 heures et avec des fox-hounds en 30, 40, 50 minutes, une heure, suivant le pays et les difficultés à vaincre.

Bâtards de Saintonge

Pour le chasseur qui n'a pas de parti pris et qui tient à courre ce gibier agréablement et sérieusement, je lui conseillerais le bâtard du Haut-Poitou ou à défaut le bâtard de Saintonge parce que ces chiens possèdent les qualités voulues pour bien chasser et pour réussir à le forcer. Le bâtard de Saintonge est sage, collé à la voie, d'une finesse de nez suffisante pour reconnaîtr, surmonter les difficultés de change et autres ; criant suffisamment et, de plus, tenace dans les défauts. Il est bien constitué, mais il a la charpente un peu massive avec tendance à devenir lourd et lent avec l'àge.

Le bâtard normand est excellent également. La plus grande preuve est dans les succès de M. le Mis de Chambray qui a pris dans le cours de sa brillante carrière cynégétique 880 cerfs ! soixante trois ont été attaqués en 1878, soixante et un ont été pris. Cette année (1880 1881) 50 cerfs.

Toutes les chasses de M. de Chambray sont inscrites sur un livre de venerie qui lui a été offert par ses amis et qui est un chef-d'œuvre cynégétique.

L'historique de toutes les prises de cerfs y est fidèlement rapporté.

Plusieurs veneurs de ce pays-là, désireux de donner plus de pied à leurs chiens, ont fait différents croisements, avec le fox-hound.

Mais il en est résulté que les produits ont été *moins criants* et moins bien doués sous le rapport de la finesse du nez. Ils sont revenus à la race primitive qu'ils conservent précieusement aujourd'hui.

Les bâtards de Saintonge, de Gascogne, et Normands sont les plus convenables pour chasser le cerf, le chevreuil et le lièvre à courre.

Les chiens de Gascogne et de Saintonge, pur sang français, sont lents dans leurs allures et ne conviennent que pour chasser à tir. Leur principale qualité est la finesse du nez.

Chien de Vendée

Le bâtard de Vendée est mon chien de prédilection, parce que je trouve en lui la vigueur, l'amour de la chasse, l'intelligence excessivement développée, pour rallier à la voix au son de la trompe et répondre aux ordres et signaux du chasseur. C'est le chien qui convient le mieux pour courre le sanglier, je puis citer un exemple frappant. C'était en 1865 M. de Beaucaire, M. L. C..... et moi partions de Tronçais à 5 heures du matin avec 130 chiens, pour les bois de Champroux, à 25 où 30 kilomètres à peu près de nos résidences, pour attaquer un quartenier qui nous avait été signalé. Cette forêt parfaitement gardée était le refuge du grand et petit gibier. L'heure du rapport arrivée, les piqueux Babillot et Charles de Baralon affirment avoir rembuché le sanglier, mais il est en compagnie tellement nombreuse, disent-ils, qu'il sera extrêmement difficile de le séparer et par conséquent de le chasser.

M. de Beaucaire avait une qualité remarquable, celle de
se plaire à vaincre les difficultés et à montrer surtout sa
supériorité en vénerie : Aussi dit-il, bien haut ; « Hardez
les chiens sur le débûché de Tronçais, donnez-moi mon
chien Chalango et je m'engage à vous amener le quartenier
au relais. Ses ordres sont promptement exécutés et le
vaillant veneur part avec sa bouillante ardeur ordinaire,
suivi de son chien favori et accompagné des piqueux. M. L. C.
et moi restons au relais pour ne pas gêner notre ami dans
son entreprise et lui en laisser tout le mérite en cas de
réussite ? sur laquelle nous ne comptions guère, il faut le
dire, car le grand nombre de bêtes noires d'une part, et
d'une autre, la grande quantité de chevreuils que renfermait cette petite forêt, nous paraissait une difficulté insur-
montable, surtout avec cent trente chiens lâchés à la fois.

Mais le grand maître en avait bien vu d'autres, paraît-il,
car son assurance étonnante dénotait une science profonde
et une grande habitude de déjouer les ruses de ces animaux
et de plus un talent exceptionnel pour former et dresser ses
chiens à lui obéir et à le comprendre !

Après deux grandes heures d'attente, M. L. C... et moi
nous nous décidâmes à aller voir ce qui se passait. En nous
voyant arriver notre ami nous dit :

« Il est là dans ce gros buisson de ronces...

« Entendez Chalango qui l'aboie...

Voilà la dixième fois qu'il le lance et relance. Il y a au
moins trente bêtes noires sur pied !... Le grand sanglier ne
veut pas marcher. Il fait tête à chaque instant. Mon chien
ne le quitte pas, mais se tient toujours à distance en
l'aboyant... Postez-vous tous les deux aux Ronds-Points

des grandes lignes pour le voir passer, je vais le faire repartir.

Peu après, en effet, l'animal de chasse était relancé et couru par le plus rapide et le plus vaillant bâtard de Vendée. Les cris du grand maître, ceux des piqueux lui font prendre un parti. Il se dirige sur le relais. Malheureusement la forêt finissait en pointe de ce côté-là et les deux équipages placés juste au passage du débuché se mettent à crier en entendant la voix et la menée du chien d'attaque et font un bruit assourdissant.

Le sanglier effrayé recule...

Les 130 chiens sont aussitôt lâchés et rallient à la voix bien connue de leur camarade.

La chasse prend alors une animation des plus bruyantes. Mais le quartenier, comprenant bien le danger qui le menace, recommence ses mêmes ruses par donner change... de tous côtés en effet on voit des bêtes noires courir, des chevreuils bondir ! Un de ces fauves est surpris, il est dévoré en un clin d'œil par une cinquantaine de chiens ; d'autres chasses se font entendre sur différents points ; le désordre en un mot est complet, aussi le succès du laissé-courre nous paraissait-il plus que problématique. Le grand maître seul conservait bon espoir et suivait des yeux et de l'ouïe son brave chien d'attaque. Je suis assez heureux pour apercevoir un très-gros point noir à 4 ou 500 mètres traverser une des lignes de la forêt. Babillot était à mes côtés, à ce moment-là, il part à fond de train pour examiner le pied. Peu après, la vue et la fanfare du sanglier sont sonnées. Mais à ma grande surprise je constate qu'il n'y a que dix ou douze chiens qui le courent.

Pour comble de désappointement, la chasse débuche en plaine, sur Limoise, à l'opposé de Tronçais. Babillot sonne continuellement des bien-aller pour attirer les chasseurs à lui... tous, à l'exception de deux valets de chien, sans se préoccuper des 20 ou 30 fausses chasses de la forêt de Champroux se portent au laissé-courre de Babillot et le rejoignent rapidement ; après deux grandes heures de course effrénée, l'animal fait fort dans les bois château...

Il se défend comme un enragé... tue cinq des meilleurs chiens et en blesse un grand nombre... Il est servi à la carabine par Babillot et Charles de Baralon.

Mais, ô surprise incroyable, pour moi qui avait parfaitement suivi la chasse et aussi tous les incidents, de voir que des 130 chiens découplés, il n'en manquait pas un à l'hallali ! Y a-t-il un trait plus caractéristique pour mieux définir les qualités instinctives de cette excellente race pour courre le sanglier et le forcer !... Et le fait est si vrai que nombreuses fois les grands maîtres veneurs. n'avaient l'animal au rapport, qu'à une heure, deux heures du soir, dans les jours les plus courts de l'année ; cependant, ils disaient de concert, la montre en main : « En admettant que le « sanglier soit très-vigoureux, il sera pris avant la nuit ! » Et toujours, et toujours les choses se passaient comme ils l'avaient annoncé !.....

Le fait que je viens de citer concernant l'emportement des chiens de Vendée au premier abord, puis leur merveilleux instinct pour railler à la chasse de l'animal de meute et à la trompe, se produit fréquemment, surtout lorsque la meute a l'habitude du fouail, (ils tiennent ces qualités du fox-hound).

Je puis citer un autre épisode non moins concluant sur le courage et la vigueur de cette vaillante race. Il eût lieu à peu près à la même époque.

Certain jour de réunion des membres du Rallie-Bourbonnais à Cérilly et à Tronçais, rendez-vous fut donné au rond des chasseurs, canton de La Bouteille. Un grand sanglier est attaqué par les deux meutes de M. de Beaucaire et de M. L. C....., au milieu d'une compagnie nombreuse, il est séparé après bien des difficultés : il fut chassé avec un entrain des plus bruyants et des plus rapides ; tous les chasseurs se distinguèrent par leur ardeur et leur science hippique. Après deux grandes heures d'un laissé-courre charmant, l'animal est porté bas par 120 chiens et servi à la carabine...

Le fouail fait, M. L. C..... fait observer qu'il lui manque six chiens, qu'il croit, dit-il avoir entendu chasser en débucher ; sur la forêt de Dreuille... Et il ajoute, qu'il en est très-inquiet, parce que ce sont ses bâtards les plus vites et les meilleurs.

Ordre est aussitôt donné à deux valets de chiens d'aller les requêter.

Pour tranquilliser notre ami nous lui promettons, s'ils ne rentrent pas dans la soirée ou dans la nuit, d'aller tous, le lendemain, de bonne heure, à leur recherche !...

Le jour suivant nous fûmes informés que les chiens n'étaient pas revenus ! nous nous hâtons de nous lever, de casser la croûte et nous nous mettons en route pour essayer de les retrouver. Nous passons au Point du Jour prendre nos amis, qui étaient prévenus, et nous voici en marche sur les traces des six égarés. Nous nous dirigeons, d'après es indications qui nous sont données, sur un village à la proximité de Dreuille. Des gens bavards par nature ou jaloux peut-être, nous racontent qu'un sanglier a été tué la veille à coups de hache par des bûcherons!.....

Ils nous indiquent le canton, la coupe de bois! nous nous dirigeons bien vite vers le leu indiqué!...

En passant près d'une maison isolée, à proximité de la forêt, nous apercevons sur la toiture d'une bergerie une très-grande peau de sanglier étendue au soleil, pour la faire sécher sans doute! Nous frappons à la porte de la maison! elle est fermée!... nous continuons et arrivons rapidement aux coupes de bois désignées. Nous allons droit aux ouvriers occupés à abattre des arbres, nous leur demandons s'ils n'ont pas vu la veille, six chiens à la poursuite d'un sanglier. . . . · · . . . .

Ils nous répondent affirmativement!... nous comprenons tout alors!... c'est-à-dire que le sanglier a été tué par eux, écorché ensuite, et partagé!...

Nous leur demandons des explications, leur donnant l'assurance que nous ne tenons qu'à retrouver nos six chiens!.....

. . . .

Rassurés par nos instances, ils nous racontent qu'un grand sanglier, poursuivi par six chiens, ne pouvant plus marcher, est venu près d'eux, qu'après bien des hésitations ils s'en sont approchés et l'ont tué à coups de cognées.

Quant aux six chiens, ils ne s'en sont pas inquiétés et ils ont dû s'en retourner, disaient-ils. Il était alors nuit tombante.

Nous reprenons aussitôt le contre-pied de la chasse de la

veille en sonnant des requêtés, supposant que les chiens épuisés de fatigue s'étaient blottis au pied d'un arbre quelconque.

Nous arrivons au logis, point de nouvelles?... Le maître d'équipage était désolé de la perte de ses excellents bâtards.

Tout veneur comprendra cet ennui.

Un jour, deux jours se passent, point de nouvelles. Le quatrième M. L. C... reçoit une lettre de sa mère, lui annonçant que six chiens étaient rentrés à Saint-Gérand-Devaux le mardi dans la soirée.

Les six chiens avaient donc mis près de 24 heures, après avoir forcé leur sanglier pour rentrer au chenil de Saint-Gérand-Devaux qui se trouvait à trente lieues de Dreuille, en ligne directe. Mais comme ils ne connaissaient pas le pays? Combien de chemin ont-ils fait en plus et ils ont traversé encore la rivière d'Allier à la nage, attendu qu'il n'y avait pas de pont sur leur passage présumé!

En présence d'un pareil haut fait de vigueur et d'instinct, n'est-il pas permis d'accorder toutes ses préférences à cette race si exceptionnellement douée qui remplit si bien les vœux du chef d'équipage de vautrait, le plus exigeant.

Les bâtards du Haut-Poitou surpasseraient encore en qualités et en vigueur leurs congénères de Saintonge et de Vendée. Mais leur mérite exceptionnel, leur prix élevé, la difficulté de se procurer de ces excellents chiens rend difficile la formation et l'entretien d'un vautrait? Puis ce serait selon moi un crime, de sacrifier d'aussi nobles bêtes à un animal aussi brutal. C'est déjà trop, beaucoup trop, d'exposer ces braves bâtards de Vendée.

Le fox-hound, à moitié bull, à la bonne heure.

Ils sont crées l'un pour l'autre, et il est réellement regrettable que cette espèce de chien craigne le fourré, car sa vigueur et sa résistance aux longues courses, sa vitesse et ses instincts carnassiers le désignent comme le plus convenable pour chasser cet animal redoutable? La nature a refusé à ces chiens la finesse du nez et les a fait *siches* de voix. Sage prévoyance, car il n'y aurait pas d'animaux en France, capables de leur résister, si elle leur avait donné ces qualités. Mais comme je l'ai dit dans le cours des récits de laissé-courre! un certain nombre de fox-hounds, que j'apprécie au quart, est nécessaire dans un équipage, sur la fin des chasses, pour tenir un grand sanglier aux abois ; Différemment, pour peu qu'ils se prolongent, la meute maltraitée, qui n'est pas parfaitement accoutumée à les tenir, pourrait fort bien lâcher pied et *laisser-aller* le solitaire forcé! Cela s'est vu et j'ai été témoin, plusieurs fois, du fait.....

J'ai lieu de penser que j'ai été parfaitement compris du jeune veneur, et pour faire le résumé de mon appréciation sur les aptitudes des espèces de chiens courants sus-nommés, je conclus : que les bâtards de Saintonge, de Gascogne, du Haut-Poitou principalement sont les chiens les plus convenables pour chasser à courre le cerf, le chevreuil, le loup, le renard, le lièvre ; De même que le bâtard de Vendée et le fox-hound, sont préférables, sous tous les rapports, pour courre le sanglier ; et le chien français de Vendée pour chasser à tir.

Vouloir changer ces chiens de leur destination ce serait vouloir mettre le cheval de voiture à la selle et celui de selle à la voiture.

14

J'espère que, par ces détails et explications, le jeune veneur sera suffisamment renseigné. Je me mets, du reste,
complétement à sa disposition pour l'éclairer autant que je
le pourrai, de mes faibles lumières, s'il le désire.

Je termine ce chapitre, en conseillant aux chasseurs de
lapin le basset, qui a été créé et mis au monde pour chasser
ce genre de gibier! souhaitant bonne réussite à tous mes
lecteurs.

XII

DU COLLETAGE

Nécessité d'une nouvelle loi sur la police de la chasse et surtout d'une nouvelle organisation pour la faire respecter.

Confession d'un habile colleteur :

Je recommande cet important sujet, en observant au lecteur et à MM. les législateurs que le gibier, en France, ressource si précieuse et si importante, est à la veille de disparaître complétement si des mesures rigoureuses et efficaces ne sont pas prises contre le colletage.

L'article 12 de la loi de 1844 sur la police de la chasse, punit de cinquante à deux cents francs d'amende et de six à deux mois de prison le colletage et autres chasses de nuit avec filets, engins, etc.

Les peines édictées par cette loi paraissent sévères de prime abord et cependant elles ne sont en réalité ni assez fortes ni assez rigoureuses ! La preuve incontestable du fait se trouve dans les progrès effrayants du colletage et la diminution du gibier.

Le collet est en effet l'engin le plus destructeur qui existe. Il agit en tout temps et en toute saison, le jour et la nuit, sur le grand comme sur le petit gibier, et le colleteur est le délinquant le plus difficile à prendre *flagrante delicto !* Aussi la loi devrait être extrêmement rigoureuse et les juges inexorables dans son application ; vous allez du reste juger de l'opportunité de cette nécessité, par les détails qui vont suivre et que j'affirme très-exacts :

En 1870, époque de l'invasion de triste mémoire, les gardes forestiers furent appelés par le gouvernement de la défense nationale pour soutenir le siége de Paris. La garde du gibier fût forcément abandonnée pendant ce triste temps : Les braconniers et colleteurs purent donc agir à peu près en maîtres. Mais les mesures rigoureuses prises pour la prohibition de la chasse, cette année là, par M. le ministre de l'Intérieur les effrayèrent ; il y avait de quoi, car le minimum de la peine était de 500 francs d'amende. Le plus grand nombre des braconniers redoutèrent d'être pris en chassant. Ils se firent colleteurs.

Le collet, était pour eux un piége moins agréable que le fusil, mais c'était aussi un moyen de réussite plus certain et moins dangereux ; ils se mirent donc à l'œuvre.

Les colleteurs sont généralement des ouvriers de bois occupés toute l'année dans les coupes, soit comme fendeurs, charbonniers, etc. Leur ouvrage est payé le plus souvent suivant la quantité livrée. Ils peuvent donc, à leur gré, travailler plus ou moins et disposer d'une partie de leur temps pour aller tendre des collets le soir ou le matin et les visiter ensuite dans le milieu de la journée.

La quantité de chevreuils qui a été prise cette année là

a été très-grande : Le lecteur pourra s'en faire une idée
par l'aveu que m'a fait un des plus habiles colleteurs de la
forêt de Tronçais !

Je n'entrerai pas dans des détails qui ont amené ce bûcheron à me faire les aveux de ses prises de chevreuils et
autres. La grande confiance qu'il avait en moi d'une part,
le besoin de parler aidant peut-être aussi, l'ont décidé ; et
voici ce qu'il m'a raconté et affirmé. Je rends fidèlement le
sens de ses paroles en citant les faits.

« Depuis mon jeune âge, élevé dans les bois, la vue du
« gibier m'a toujours causé une émotion des plus vives et
« excité en moi l'ardent désir de le saisir et de le posséder.
« Muni d'un mauvais fusil, je prenais grand plaisir à aller à
« l'affût le soir, le long des ruisseaux, dans les endroits les
« plus retirés de la forêt, là où j'avais remarqué les traces de
« sangliers, cerfs et chevreuils ; que de fois j'ai tiré infruc-
« tueusement sur sangliers et cerfs ?..... que d'animaux
« blessés et perdus ?... que de regrets et de nuits agi-
« tées..... Mon imagination était constamment en tra-
« vail. Je consultais mes camarades colleteurs les plus ha-
« biles, mais leurs explications, que j'achetais quelques fois
« fort cher, ne me convenaient pas, vu mon peu de réussite.
« Je me livrai donc à des études diverses. Jusque là, les
« lois m'avaient paru sévères. Je redoutais les gardes et les
« procès, je tendais des collets, mais sur une petite échelle,
« je prenais un chevreuil de temps à autre, toujours
« en tremblant.

« Une circonstance fortuite me fit faire la connaissance
« des hommes de chasse de M. de Beaucaire, qui venaient
« souvent au café le soir à Cérilly. Je les écoutais parler

« avec une vive curiosité. Ils racontaient, qu'en servant à
« table, ils entendaient les maîtres se plaindre fréquemment
« des braconniers, et des collets tendus dans la forêt : des
« chiens pris en chassant ; de l'indifférence des gardes fo-
« restiers, de l'inaction des gendarmes, etc.

« Ces conversations et plaintes qu'ils avaient surprises
« maintes fois étaient commentées par nous avec un intérêt
« de vive curiosité. Pour mon compte particulier, elles me
« rappellent, en combinant mes souvenirs, que l'administra-
« tion forestière avait loué sa chasse à des chasseurs aux-
« quels elle laissait le soin de faire garder eux-mêmes leur
« gibier comme ils l'entendraient ; que la mission des
« gardes était de s'occuper plutôt de la surveillance des
« bois que de celle de la chasse.

« Je compris également que les gendarmes avaient un
« service trop compliqué et des ordres trop multipliés qui
« ne leur laissaient pas le temps de s'occuper de la recher-
« che des braconniers et surtout des colleteurs. Différents
« faits particuliers vinrent corroborer ma manière de voir
« et me firent penser que, avec un peu de prudence, je n'au-
« rais rien à redouter. Je me mis donc à l'œuvre et voici
« comment je procédai ? Après avoir vu et étudié les can-
« tons les plus giboyeux de la forêt, je suivais les fossés et
« lorsque je rencontrais des pieds de chevreuils sur les jets,
« je m'empressais d'aller couper des branches d'arbres avec
« lesquelles je faisais une haie serrée sur une longueur de
« 50, 80, 100 et même 150 mètres, suivant la disposition
« des lieux, en ménageant une ouverture de distance en
« distance dans laquelle je plaçais le collet. J'agissais ainsi
« à divers endroits. La forêt était alors très peuplée en

« chevreuils, il n'était pas rare de voir des hardes de 3, 5
« et même 6 et 7 chevreuils ensemble. Rien n'était plus
« amusant au printemps que de les entendre bramer, crier
« comme des chiens en colère ! j'ai pris jusqu'à 3 chevreuils
« par jour, souvent deux. Dans l'hiver 1871, j'en ai cap-
« turé 38... Mes camarades ont été moins heureux que moi,
« mais ils en ont pris bon nombre.

« Voici deux années écoulées depuis cette époque et je
« n'en vois presque plus ?... j'ai changé plusieurs fois de
« canton, mais la forêt est colletée partout !... C'est sur-
« tout au printemps, après les chasses, que la prise du che-
« vreuil est le plus facile, c'est aussi le moment le plus
« nuisible au gibier, car presque toutes les chèvres sont
« pleines à cette époque.

« Plusieurs de mes camarades et moi sommes décidés à
« aller prochainement *travailler* à Meillant, forêt dans la-
« quelle *l'ouvrage*, est, paraît-il, très-abondant, etc. »

Ainsi voici une forêt de onze mille hectares qui, en 1871,
était des mieux peuplées en chevreuils et qui se trouve en
1874 à peu près dépeuplée ?

Voyant l'impunité d'une part ; et d'une autre, la rareté
des chevreuils, les braconniers se sont mis à colleter les biches et les cerfs.

On m'a affirmé qu'un d'eux avait trouvé dernièrement
une vache prise dans un de ses collets.

Ainsi que je l'ai expliqué à la chasse du sanglier muselé,
les colleteurs se servent de longes de chevaux dans le milieu desquelles est placé un fil de fer passé au feu pour
l'assouplir, cela fortifie la corde et l'empêche, à la jonction
du nœud, de couler.

Pour prendre les sangliers, ils frottent ces longes avec des laisses de laies ou de truie en rût.

Pour les cerfs, avec des fumées de ces fauves.

L'administration forestière laissant le soin aux fermiers des chasses de garder ou faire garder leur gibier et ne s'en occupant pas, il en résulte que les braconniers et colleteurs profitent de cette situation pour se livrer à leur aise à la prise du grand gibier ? Et notez bien que ce qui se passe dans ce pays-ci se pratique partout en France, dans toutes les forêts !

Ce qui se passe en forêt pour le colletage des grands animaux se pratique un peu partout pour le petit gibier, sur une très-grande et très vaste échelle.

Le lièvre, dans certaines localités, a complétement disparu. Il n'y a pas une haie qui ne soit garnie de collets ! L'adresse et l'habileté des colleteurs progressent tous les jours. Au moyen de piquets portant des collets ils prennent cet animal aussi bien en plein bois que dans les sentiers et les chemins ! c'est surtout sur les lisières des bois qu'ils réussissent le mieux à la sortie ou à la rentrée de la bête.

Le prix du gibier a atteint un chiffre tellement élevé aujourd'hui que les uns colletent par plaisir, d'autres par intérêt, tous s'en occupent ; aussi la destruction marche grand train. Il y aurait donc urgence en ce moment de prendre les mesures les plus rigoureuses pour en arrêter les effets.

Je ne vois d'autre moyen que de mettre deux gendarmes de plus par brigade, qui s'occuperaient spécialement de faire respecter la nouvelle loi sur la police de la chasse. On pourrait mettre ces deux militaires en plus, à la charge des communes du canton, ce qui ferait des frais peu considéra-

bles pour chacune d'elles. Le trésor y gagnerait certainement par le nombre de permis de chasse que les amateurs
prendraient en plus. Il y a urgence, car les forêts dépeuplées, plus de fermier et, par conséquent, plus de prix de
ferme pour l'état.

XIII

DES CAUSES DE LA DESTRUCTION DU GIBIER. — BATTUES AUTORISÉES. — DES ABUS

En vertu de l'art. 5 du décret du directoire du 19 pluviose an V et de décisions ministérielles, en date du 11 avril 1865 et février 1866,

Les préfets ont droit d'autoriser les battues dans les bois pour la destruction des animaux nuisibles et malfaisants ; sous la surveillance du commandant de gendarmerie et des préposés forestiers de la localité.

Vu les articles et instructions ministérielles précitées, les préfets peuvent autoriser également les particuliers à chasser les animaux nuisibles, à dater de la clôture de la chasse jusqu'au 15 avril de chaque année !

Il résulte, de ces autorisations arrachées à MM. les préfets par des influences diverses, et données le plus souvent à des gens peu scrupuleux et avides de curée, les plus grands abus et les plus regrettables résultats, ainsi que je vais l'expliquer.

Les permissions de chasser les animaux nuisibles en

battues, pendant et après la clôture de la chasse, à des chasseurs qui n'ont pas ou ont peu de chiens, organisent des
bandes dévastatrices composées de tireurs de tout acabit.

La gendarmerie n'est presque jamais prévenue; le serait-
elle, qu'elle ne peut pas toujours se rendre sur les lieux,
dans tous les cas elle est impuissante pour empêcher les
effets destructeurs qui se produisent dans ces circonstances. Admettons pour un instant le premier cas :

Les tireurs entourent les enceintes des bois les plus gi-
boyeuses en se plaçant de distance en distance; une fois en
position quelques individus entrent au fourré avec des
chiens, ils les lâchent en faisant le plus de bruit possible,
pour mettre le gibier sur pied et le forcer à fuir, tous les
animaux qui se montrent aux tireurs sont tirés impitoyablement. Les délinquants s'empressent aussitôt de cacher
les morts, chevreuils, lièvres et autres et disparaissent pour
dépister l'autorité et les curieux.

Si on leur demande ce qu'ils ont tiré et tué, c'est toujours un renard qu'ils ont manqué.

Dans ces battues dévastatrices on entend les coups de
fusil de tous côtés, sans jamais que l'autorité puisse se rendre compte de ce qui se passe : c'est surtout après la clôture de la chasse, alors que les femelles sont pleines, que
ces autorisations sont le plus funeste au gibier.

Admettons maintenant le second cas :

La gendarmerie est présente, la plupart des gendarmes
sont d'anciens militaires peu au courant des ruses de tireurs
toujours affamés de gibier ; ils se trouvent fort embarrassés
pour exercer leur surveillance. Ils restent ordinairement dans
les grandes lignes de la forêt de manière à voir ce qui se passe?

Les tireurs au contraire vont se placer dans les fausses lignes, dans le milieu du bois, sur les bords des ruisseaux, là où ils savent très-bien que les gendarmes ne viendront pas les surveiller. La bête aussitôt tuée est transportée et cachée dans les fourrés. Quant aux animaux nuisibles, qui ne se mangent pas, la plupart ne les regardent pas. Ces autorisations données trop facilement après la clôture de la chasse sont donc un fléau pour le gibier des forêts.

D'où on doit conclure qu'il ne faut donner ces autorisations qu'à des personnes d'une probité et d'une loyauté incontestables.

XIV

DE L'EXERCICE DU DROIT DE CHASSE

Jurisprudence et arrêts.

Je vais traiter quelques questions importantes concernant les droits des chasseurs et leurs devoirs légaux.

La première, le droit de suite.

La seconde, de l'action de chasse, son caractère?

La troisième, du dommage aux champs et de la responsabilité !

La quatrième, des battues légalement autorisées et de la propriété du gibier tué.

Conseils aux propriétaires de bois pour empêcher les abus, etc.

Le *droit de suite* a donné lieu à bien des interprétations de la part de nombreux chasseurs qui, n'ayant pas étudié la loi, s'en étaient fait une fausse idée. Il a fallu les décisions de plusieurs tribunaux et des arrêts de la cour suprême pour les éclairer et les convaincre que le droit de suite n'existe pas.

Je sais combien il est pénible pour un veneur qui entend ses chiens aux abois sur un solitaire forcé, qui peut détruire sa meute entière, de ne pouvoir aller la défendre sans s'exposer à subir les ennuis et les désagréments d'un procès, de la part d'un propriétaire intraitable, qui, pour des causes diverses, ne veut pas permettre la chasse chez lui ! mais, *dura lex, sed lex* ? c'est la loi ! — Il devrait cependant ne pas en être toujours ainsi? j'expliquerai les motifs un peu plus loin.

D'après l'art. 544 du code civil que je rapporte ici textuellement :

« La propriété est le droit de jouir et de disposer des
« choses, de la manière la plus absolue, pourvu qu'on n'en
« fasse pas un usage prohibé par les lois et réglements ! »

A cet article vient encore s'ajouter la loi du 3 mai 1844, sur la police de la chasse ainsi conçu : art, premier « nul n'aura la faculté de chasser sur la propriété d'autrui, sans le consentement du propriétaire, ou de ses ayants-droit. »

Art. onze, n° 2 : « seront punis d'une amende de seize à cent francs, ceux qui auront chassé sur le terrain d'autrui sans son consentement etc. »

Ces articles si précis et si clairs ne peuvent laisser de doute dans l'esprit du lecteur sur la non existence du droit de uite, tous les auteurs sont d'accord sur ce point; mais il est un usage adopté en France pour tous les grands propriétaires de bois, celui de laisser circuler librement la grande chasse, celle des loups, sangliers et cerfs, parce que ce sont des bêtes nuisibles à l'agriculture, et à moins d'inimitiés personnelles et particulières, nul n'y met empêchement, cependant le fait peut se présenter et c'est dans le but de rendre service au chasseur et au veneur que j'entreprends de traiter ce sujet difficile, indiquant, à l'un et à l'autre, le moyen d'atténuer la gravité du fait, lorsque leurs chiens, étant entrés, malgré tous leurs efforts, sur une propriété où il leur est défendu de chasser, ils sont entraînés malgré eux à les suivre, pour les surveiller et les rompre :

Ma première recommandation à l'un et à l'autre, est de se conformer aux prescriptions légales dont il va être parlé, et de montrer par leurs actes et par leurs paroles tout leur respect pour la propriété, inviolable en principe, mais sujette parfois à certaines tolérances commandées par la nécessité, ainsi le passage du piqueux et du veneur peut quelques fois être licite :

Un loup enragé parcourt le pays, mord tout ce qui se trouve sur son passage. Je le poursuis et le tue sur le terrain d'un propriétaire qui ne veut laisser passer personne chez lui et me fait faire un procès pour avoir violé sa propriété ? Les tribunaux me condamneront-ils ? évidemment non !

Eh bien ! il devrait en être de même pour poursuivre et tuer un animal nuisible, sauf la question du dommage, aussi y a-t-il une distinction des plus importantes à faire sur la question du passage des chiens courants et de celui du chasseur sur le terrain d'autrui, sans autorisation.

Pour édifier le lecteur, je vais citer deux arrêts de la cour de cassation qui expliquent les conditions dans lesquelles le chasseur peut suivre ses chiens sans encourir de procès pour *délit de chasse*, puisque c'est de *son attitude* en suivant la chasse sur le terrain d'autrui et des *constata-*

tions faites par le rédacteur du procès-verbal que dépendra sa condamnation ou son acquittement, s'il est poursuivi !

Question : le piqueux qui suit ses chiens sur la propriété d'autrui et qui cherche à les rompre, commet-il un délit de chasse ?

Réponse : non.

Je copie textuellement al. Sorel, page 73, sur le droit de suite :

« Le 27 janvier 1860, le sieur Laguerre, garde particulier
« du marquis de Porte, dressait procès-verbal contre le sieur
« Rouzeau, piqueux de M. Arnaud qu'il prétendait avoir
« surpris sur les terres du marquis de Portes avec une meute
« de huit chiens. Traduit à raison de ce fait devant le tribu-
« nal correctionnel et plus tard en appel devant la cour de
« Toulouse, le piqueux Rouzeau, sans méconnaître le fait de
« passage sur le terrain d'autrui, soutient qu'il n'était point
« en action de chasse, au moment où il avait été vu par le
« garde. »

« La cour de Toulouse décida, en effet, le 22 juin 1860,
« que le fait relevé par le procès-verbal n'était point délic-
« tueux, attendu que le gibier à la suite duquel se trou-
« vait Rouzeau avait été lancé de la propriété limitrophe de
« celle du marquis de Portes et que le piqueux suivait
« *seulement* la meute. »

« M. le marquis de Porte, se pourvût en cassation, mais
« son pourvoi fût rejeté le 30 novembre 1860 par arrêt
« dont j'extrais le passage suivant :

« Attendu qu'en appréciant, après débat contradictoire
« les éléments du procès, et déclarant comme elle l'a fait,

« que le piqueux suivait seulement la meute, la cour impé-
« riale a implicitement déclaré qu'il n'était pas *en action de*
« *chasse*, que cette appréciation, fondée sur l'instruction et
« les débats, échappe au contrôle de la cour de cassation. »

« On comprend, en effet, comme l'a fait remarquer
« M. Daloz (1861, 1, 1,500) que le chasseur ait pu suivre
« ou faire suivre les chiens, pour tenter de les rompre, et
« pour ne pas discontinuer une surveillance à laquelle
« l'oblige le devoir de faire cesser le plus tôt possible un
« fait préjudiciable à autrui; aussi, suivant les circonstances,
« l'action de pénétrer sur le terrain d'autrui à la suite des
« chiens poursuivant le gibier peut être reconnue exclusive
« de l'intention de chasser. »

« Par un autre arrêt en date du 28 janvier 1875, la cour
« de cassation a décidé que le fait par un piqueux d'avoir,
« dans le bois d'autrui, *sonné de la trompe* non pour rompre
« ni rappeler ses chiens qui chassaient, mais *pour les appuyer*
« constituait un délit de chasse. (Daloz 1875, 1, 331. comp.
« Angers, 16 mars 1863 et tribunal de Poitiers 21 décembre
« 1876.) »

La conséquence à tirer des deux arrêts ci-dessus, c'est
que le piqueux qui suit sa chasse, dans une attitude calme
et muette, sur la propriété d'autrui, après avoir fait préala-
blement tous ses efforts pour l'empêcher d'y pénétrer, ne
commet pas un délit de chasse :

De même que celui qui excite les chiens de la voix ou de
la trompe, commet, par son attitude active, le délit de
chasse qui tombe sous l'application de l'art 11, n° 2 de la loi

15

du 3 mai 1844. (En plus la question de dommages-intérêts réservée, s'il y a lieu.)

Il est donc extrêmement important que tout veneur et chasseur s'étudie à ne faire aucun acte qui constitue *l'action de chasse*, lorsqu'il suivra ses chiens sur le terrain d'autrui sur lequel il lui est défendu de chasser.

Dans ce but, il devra se conformer à la loi du 3 mai 1844, c'est-à-dire arrêter ou faire tous ses efforts pour rompre ses chiens au moment de leur entrée sur le terrain d'autrui.

S'il ne peut y parvenir, il suivra la chasse dans les chemins, allées et terres vagues, sans faire aucun bruit ni démonstration qui puisse constituer l'action de chasse, et montrer par son attitude calme que, s'il suit ses chiens, ce n'est point pour braver la défense faite, mais bien par crainte qu'il surgisse dans le laissé-courre des incidents imprévus ; que son intention et son but est d'arrêter à première occasion propice. Il priera le garde de consigner sa déclaration dans son procès-verbal, s'il croit devoir le dresser quand même.

Dans ces conditions je ne crois pas qu'aucun tribunal puisse condamner un veneur pour *délit de chasse*, puisqu'il n'y a pas donné lieu par son attitude et par ses affirmations.

Je ne fais allusion ni aux chasseurs comme MM. de Beaucaire, de l'Aigle et autres maîtres d'équipage, qui possèdent 50, 60, 70 chiens anglais, bâtards Anglais, que *rien ne peut arrêter* lorsqu'ils sont animés et dans tout le feu de l'action ? en plein bois, surtout, (c'est impossible) il y aurait même la plus grande imprudence à les abandonner, car des chiens en grand nombre se surexcitent entre eux et, parfois, ils deviennent féroces ? Il suffit d'un seul qui commence pour entraîner les autres et *tout* ce qu'ils attaquent est en péril ?

Je pourrais parler longuement d'événements déplorables qui ont eu lieu, mais ne voulant pas faire de digression trop longue, je citerai deux exemples seulement :

Il y a une vingtaine d'années, le piqueux de M. X..... étant entré au chenil, un jour qu'il venait de faire l'acquisition d'une peau de bique (paletot en peau de chèvre) qu'il avait sur lui ; les chiens ne le reconnurent pas, se précipitèrent sur ce malheureux et le mirent en pièces ?...

A la même époque à peu près le piqueux de M. B..... était au lit, il entend pendant la nuit ses chiens qui se battent, il descend, sans prendre le temps de mettre son pantalon et sa veste, il entre au chenil le fouet à la main pour les séparer, tous se jettent sur lui et le déchirent entièrement ?...

Que de fois, j'ai vu les chiens se jeter sur des moutons, des veaux, des chiens de domaine et les étrangler, les déchirer, aussi ai-je expliqué, au chapitre des chiens anglais, fox-hounds, qu'il fallait quatre hommes vigoureux, bien montés, pour diriger une meute de 60 à 70 chiens.

— Un équipage nombreux peut avoir parfois ses inconvénients, mais il a aussi ses avantages puisqu'il détruit les animaux nuisibles que nul ne peut prendre. —

Feu M. le Cte A. des Roys faisait toujours précéder la marche de son équipage d'un homme à cheval qui avertissait les gens qui gardaient des animaux tels que moutons, chèvres, chiens, de les renfermer par crainte que la meute ne les étranglât : malgré ces précautions il arrivait presque toujours des accidents regrettables.

Un veneur prudent ne peut ni ne doit abandonner ses chiens et s'il ne fait que surveiller leur passage en suivant les chemins, allées, terres vagues, sans les appuyer ni les exciter en rien, il ne fait point *action de chasse* et par conséquent ne viole pas la loi.

Mais, dira le propriétaire : la propriété est inviolable et je ne veux pas qu'on passe chez moi !

En ce cas ? attaquez en trouble possessoire devant le tribunal de paix celui qui a passé chez vous sans autorisation, mais non devant le tribunal correctionnel pour délit de chasse, puisqu'il s'est conformé aux prescriptions de la loi.

Je dis même plus, c'est qu'un piqueux ou un veneur, qui, dans les circonstances que je viens de décrire, va *servir* un sanglier, un loup, un cerf au couteau de chasse et même à la carabine, qu'il aurait lancé chez lui et mis aux abois sur le terrain de son voisin ne commet pas un délit de chasse, par la raison qu'il ne nuit point à autrui et qu'il débarrasse le pays d'un animal nuisible.

L'opinion que j'émets est fondée sur l'équité et sur un arrêt de la cour de Paris du 2 décembre 1854, ainsi motivé :

« Attendu que l'art. 11 de la loi du 3 mai 1844 ne « *punit que ceux* qui ont chassé sur le terrain d'autrui sans « permission du propriétaire, *non celui* qui, *après avoir ac-* « *compli* le fait de chasse sur son propre terrain, vient relever, « sur celui d'autrui, le gibier qui y est tombé après avoir « été mortellement blessé etc. »

En ce qui concerne le chasseur de lièvre à pied, je l'engage, lorsqu'il ne veut pas abandonner ses chiens qui poursuivent sur le terrain d'autrui le gibier lancé chez lui, à enlever les amorces ou les cartouches de son fusil, ou, mieux encore, à démonter l'arme et mettre la crosse dans son carnier et porter le canon à la main. Qu'il cherche ensuite à rompre ses chiens, car il faut que les deux actions concordent, pour ne pas être accusé d'appuyer les chiens par sa présence et par son *attitude active* et d'être en *action de chasse*.

Je chassais certain jour dans ces conditions, un garde, qui depuis longtemps me surveillait par ordre de son maître, arrive tout essoufflé en me déclarant procès-verbal, d'un air de contentement indicible ?...

Je le félicitai d'abord de son zèle, mais je lui observai ensuite, en le regardant dans le blanc des yeux de ne pas oublier de mettre dans son procès-verbal que j'avais démonté les batteries de mon fusil avant d'entrer sur la propriété de son maître, afin d'arrêter mes chiens aussitôt que j'en trouverais l'occasion. J'étais dans un champ de bruyères, non clos, il ne pouvait donc me faire un procès pour dommages aux champs, ni pour être *en action de chasse* ; attendu que j'avais de bons témoins du fait ; force fut donc, malgré son bon vouloir et malgré l'ardent désir de son maître de me faire un procès, d'y renoncer.

Je ne pouvais en effet être attaqué devant le tribunal de paix, qu'en trouble possessoire.

Qu'en serait-il résulté, puisque la loi reste *muette* sur le fait de celui qui passe sur un terrain ouvert, non préparé et non ensemencé !

S'il m'eût attaqué je lui aurais fait à la comparution sur avertissement, un acte d'offre de 2 f. pour le dommage, afin

de le rendre responsable des frais faits mal à propos et mé-
chamment.

D'après les explications ci-dessus, chasseurs et veneurs
pourront être fixés sur le *droit de suite* et *l'action de chasse*,
et éviter par les sages précautions que j'indique des procès
ennuyeux et désagréables.

Autant le braconnage demande de répression, autant la
grande chasse mérite de tolérance, puisqu'elle rend des
services à tous, mais malheureusement il n'en est pas toujours ainsi ?... bien des gens, animés de ressentiments, n'en
tiennent aucun compte, ce qui est très regrettable dans un
pays comme la France où l'esprit chevaleresque et brave a
toujours prédominé.

Du dommage aux champs causé par le gibier

L'art. 1385 est ainsi conçu : « chacun est responsable du
« dommage qu'il a causé non seulement par son fait, mais
« encore par sa négligence ou par son imprudence. »

D'après les termes ci-dessus et ceux de nombreux arrêts
de la cour de cassation, le propriétaire d'un bois, ou le
fermier de la chasse, n'est responsable du dommage aux
champs que si, par son fait, il a mis ou attiré des animaux
nuisibles dans ses bois, ou s'il s'est opposé aux battues administratives légalement autorisées, si enfin il a pris des
dispositions pour favoriser la multiplication du gibier.

La société Rallie-Bourbonnais, représentée par M. le Cte
de Bourbon-Chalus, a été condamnée par jugement du tribunal de Moulins, le 26 janvier 1863, pour avoir, par conven-

tion et réglement, favorisé la multiplication des sangliers en s'engageant à ménager les laies et à ne chasser que les mâles, et de plus parce que M. de Bourbon-Chalus n'avait point coopéré ni fait coopérer ses associés à la battue ordonnée en 1859 et avait rendu illusoire celle légalement autorisée en 1860.

Voici du reste les termes du jugement de Moulins et l'arrêt de la cour de cassation qui a statué sur cette affaire :

TRIBUNAL CIVIL A MOULINS

26 Janvier 1863

Jugement qui décide qu'on est responsable des dégats causés par les sangliers, quand pour se ménager les plaisirs de la chasse on modère leur destruction.

Le tribunal : « Attendu qu'il est de principe reconnu, « notamment par un arrêt récent de la cour de cassation « que l'insuffisance des moyens de destruction des animaux « nuisibles peut donner lieu à la responsabilité des fermiers « de la chasse d'une forêt domaniale ; Attendu qu'il résulte « des enquêtes et documents produits, notamment du rap- « port de M. le sous-inspecteur Soumain, en date du 8 août « 1859, que M. de Bourbon, fermier nominal de la chasse « des forêts de Gros-bois et de Messarges, ayant été averti « de la battue ordonnée en 1859 n'y a point concourru ni « fait concourir aucun de ses associés, contrairement à « l'art 23 de leur cahier des charges et que l'inutilité de

« cette battue est venue surtout du manque de chasseurs et
« de chiens. Attendu que la battue ordonnée en 1860 n'a
« pu être effectuée, par suite de l'absence de M. de Bourbon
« qui n'avait donné à l'état aucun avis de son éloignement
« ni désigné personne pour le remplacer. Attendu qu'il est
« établi, en outre, que les *conventions* ont eu lieu entre
« M. de Bourbon et ses associés pour modérer la destruction
« des sangliers et que, par suite, les *réglements* ont favorisé
« leur multiplication ; Attendu que le refus fait par M. de
« Bourbon de répondre à l'interrogatoire sur faits et articles
« a lui déféré et ordonné, confirme la vérité des faits sus-
« énoncés qui n'ont point été suffisamment infirmés par la
« contre-enquête. Attendu que le dommage causé aux pro-
« priétés de l'intimé par les sangliers qui se sont ainsi mul-
« tipliés par la faute des fermiers de la chasse a été juste-
« ment apprécié par le premier juge ; »

    « Par ces motifs ;

    « Dit qu'il a été bien jugé, mal appelé etc »

Cour de cassation (chambre des requêtes) du 17 février
1864.

Arrêt qui rejette le pourvoi formé contre le jugement du
tribunal de Moulins le 23 janvier 1863.

    « La cour : Attendu qu'il est constaté par jugement atta-
« qué que le dommage causé au défendeur éventuel pro-
« vient de l'insuffisance de moyens employés pour détruire
« les animaux nuisibles de la forêt de Gros-bois appartenant
« à l'État et que le comte de Bourbon-Chalus, adjudicataire
« de la chasse de cette forêt, n'use pas de son droit de chasse,

« conformément à la clause de son bail, non plus qu'aux
« droits des riverains ;

 « Qu'en tirant de ces faits la conséquence que le deman-
« deur était responsable du préjudice éprouvée par le S. Jean
« Henry, propriétaire riverain de la forêt de Gros-bois ;

 « Le Jugement attaqué a fait une juste application de
« l'art. 1382 du code Napoléon et que d'ailleurs *l'apprécia-*
« *tion souveraine* des juges du fait échappe à la *censure*
« de la cour de cassation. »

Un arrêt de la cour de cassation, du 31 mai 1869, décide
qu'on est responsable du dégat commis par les sangliers,
quand on conserve soigneusement les laies et les marcassins.

Cet arrêt rendu contre les locataires de la chasse de la
forêt de Saimpont [1].

Il y a une multitude de décisions et de jugements concernant le dommage aux champs, motivés sur des faits desquels il découle que celui qui n'a rien fait pour attirer les
animaux nuisibles, non plus pour favoriser leur multiplication dans ses bois ou dans ceux dans lesquels il est loca-
taire de chasse, et qui ne s'est point opposé aux battues légalement autorisées n'est point responsable des dommages
qui ne proviennent ni de son fait ni de sa négligence.

Je vais du reste le démontrer très-clairement ; il existe,
dans certains départements de la France, des masses de
bois très-peuplés en sangliers. Ces animaux très-nomades
par nature et par instinct se réunissent le plus souvent en
hardes nombreuses qui voyagent une partie de l'année, et

---

[1] Voir l'ouvrage de M. Alexandre Sorel, Dommages aux champs causés par
le gibier. Cet ouvrage est très-instructif pour les chasseurs et veneurs.

vont tantôt dans une contrée, tantôt dans une autre.

Peut-on rendre responsables les propriétaires de bois, chez lesquels ils vont se remettre, des dommages qu'ils ont pu causer?

Evidemment : non.

J'ai vu un jour, en 1874, une compagnie de 52 sangliers, traverser une plaine de quelques kilomètres entre deux bois, au village Lavault, près Saint-Bénin-d'Azy, (Nièvre.) Un homme des champs eut l'idée d'envoyer son chien après de tout petits marcassins, il parvient à s'emparer de huit de ces animaux, qui furent donnés aux propriétaires des châteaux de Prye et d'Azy.

Eut-il été juste d'attaquer en dommages-intérêts, les propriétaires des bois d'où sortait cette compagnie et ceux chez lesquels elle allait se réfugier et qui ignoraient son existence?

Certainement : non.

Il doit en être de même pour tous les animaux que l'on n'a pas attirés ni propagés.

Le fait de la compagnie de bêtes noires que je viens de citer n'est point rare dans ce pays-là. Des compagnies, plus ou moins nombreuses, se montrent fréquemment, surtout au printemps.

De la propriété du Gibier tué en battue légalement autorisée :

J'aborde ici une question très importante et très délicate qui, jusqu'à ce jour, n'a pas été traitée clairement par les nombreux auteurs qui ont examiné la loi sur la chasse : A qui appartient le gibier *tué en battue*, légalement autorisée sur la propriété d'autrui ? Sanglier, loup, cerf, etc.

Appartient-il au tireur ou au propriétaire du bois où elle a eu lieu ?

Telle est la question ?

Pour moi, la réponse ne peut faire de doute (malgré l'arrêt de la Cour de Cassation rapporté par M. Daloz 1843, dont il sera parlé plus loin), car à mon point de vue c'est bien le cas de dire ou jamais : *errare humanum est ?* et surtout de la part de juges qui ne sont pas et n'ont jamais été chasseurs !

Le gibier tué doit appartenir de droit au propriétaire du bois sur lequel il a été abattu, attendu que l'arrêté préfectoral qui ordonne la destruction des animaux nuisibles et autorise la battue reste muet sur cette question ? que le décret du directoire du 19 pluviose, an v, art. 5 et les instructions ministérielles, en date du 11 avril 1865 et 1er février 1866, sur lesquelles s'est appuyé M. le préfet pour donner ladite autorisation n'en parlent pas non plus ?

Ce silence prudent et judicieux permet donc au propriétaire de forêt de revendiquer le gibier tué sur le sol qui est à lui.

Je vais essayer de démontrer que cette prétention et cette revendication sont justes et bien fondées :

Veuillez admettre un instant que je suis propriétaire d'une forêt très giboyeuse, sans avoir rien fait pour attirer et propager les animaux de toute espèce.

Vu le grand nombre de cerfs qu'elle renferme, je puis affermer ma chasse un prix très élevé.

Un beau jour, un riverain se plaint, à *tort ou à raison*, de dommages causés par les cerfs et prie M. le maire de la localité de demander à M. le préfet une et même plusieurs battues par semaine !

Cette autorisation est accordée ?

Des chasseurs et tireurs de tout acabit arrivent de plusieurs lieues à la ronde : Mes cerfs ne leur ont jamais fait de dommages ; la battue est organisée, rabatteurs et tireurs sont à leur poste, sans protestation de ma part, dix, vingt, trente fauves, (n'importe le nombre) tombent sous leurs coups !

Je me présente alors, je réclame les bêtes mortes, attendu qu'elles ont été tuées sur ma propriété et qu'elles sont à moi ?

Les tireurs répondent qu'ils sont autorisés légalement à les tuer et que les ayant abattues, ils sont en droit de s'en emparer !

Ma réponse est que le droit de détruire des animaux nuisibles ne donne pas celui de les emporter, attendu que l'arrêté préfectoral et la loi sur la chasse sont muets sur cette question, et j'ajoute que tout individu qui se permettra d'emporter les pièces de gibier abattues sera attaqué et poursuivi devant toutes les juridictions françaises.

Si c'est un loup ?

Touchez-en la prime, rien de mieux, mais la peau m'appartient, je la veux ?

Le jour où les propriétaires de bois et de forêts tiendront ce langage aux tireurs, ceux-ci ne seront plus aussi enragés pour demander des battues, puisqu'ils n'auront plus d'intérêt !

Un de mes amis, grand propriétaire de bois, dans le département de l'Eure, très-amateur de la chasse du cerf, pour ne pas être ennuyé de battues organisées par les *artifices* de deux enragés tireurs de la contrée, les fit appeler et leur demanda ce qu'ils désiraient en fait de gibier pour ne plus venir lui traquer légalement ses cerfs dans· ses bois ? Ils répondirent aussitôt : « donnez-nous la per- « mission de tuer tous les ans deux chevreuils chacun dans « votre forêt et *nous vous répondons* que vous ne ver- « rez plus jamais de battues *légalement* autorisées dans « vos bois..... »

L'affaire fut conclue et se pratique en ce moment ?.....

A la place de mon ami je leur aurais tenu le langage rapporté plus haut sur la question du gibier tué, et je suis persuadé que le résultat eût été le même : et je serais resté maître chez moi !

J'engage donc tous les propriétaires de bois à empêcher d'emporter le gibier tué dans les battues légales et à attaquer en dommages-intérêts tous ceux qui enfreindraient la défense. Par ce moyen, ils mettront un *frein* aux abus criants qui se pratiquent si audacieusement à leur nez et à leur barbe, malgré eux.

L'état lui-même a un grand intérêt à faire vendre à la

criée le gibier tué dans les forêts domaniales en battues autorisées, attendu que point de gibier, point de location de chasse ?

La question du gibier tué en battue et revendiquée par le propriétaire a un trait direct avec celle relative à la propriété du gibier, pris par un chasseur qui s'introduit sur un terrain sur lequel la chasse est interdite.

Le propriétaire en ce cas peut poursuivre en dommages-intérêts, devant les tribunaux civils, le chasseur imprudent ou audacieux qui s'est permis d'enfreindre la défense faite et de braver la loi en même temps.

Beaucoup d'auteurs ont traité cette question d'une manière incomplète, s'appuyant sur le Res Nullius du droit romain.

Les temps sont bien changés depuis la première application de ce principe. Le gibier d'autrefois était partout en abondance, il appartenait à celui qui pouvait s'en emparer, par la raison que la chasse n'était pas facile alors, mais aujourd'hui, avec les armes perfectionnées et des engins destructeurs, la chasse est bien différente. Il est donc extrêmement important de porter de sages et justes modifications aux maximes imparfaites du temps passé et cela dans l'intérêt de l'état, des propriétaires et des chasseurs eux-mêmes.

En voici la raison :

Le gibier en France tend de plus en plus à disparaître, par l'insuffisance des moyens employés pour la répression du braconnage et du colletage !

Comme je l'ai dit au chapitre du colletage, les gendarmes ont trop de travail pour s'en occuper, quant aux gardes-

champêtres, il ne faut pas y compter ? Il en résulte donc
que les propriétaires et fermiers des chasses des forêts de
l'état élèvent, à grand frais, faisans, lièvres et chevreuils
pour le repeuplement de leurs bois et forêts et voient leurs
gibiers passer en des mains impropres.

Il y a donc nécessité absolue d'apporter de grandes modifications à ce principe suranné que le gibier appartient à
celui qui peut s'en emparer.

De grands propriétaires tels que MM. de Rostchild, Fould
et autres élèvent chaque année pour vingt, trente, quarante,
cinquante mille francs de gibier, faisans, perdrix, lièvres,
chevreuils ; ce gibier est d'autant plus le produit du sol
qu'il y a été élevé et nourri, chaque jour, par la main du
propriétaire ; peut-il être considéré Res Nullius ?... et peut-
il appartenir : Primo occupanti :

Non, certainement non !

S'il en était autrement, ne risquant qu'une amende de 16
à 100 fr., et les frais peu élevés d'un procès, tous les chasseurs iraient sur les propriétés des personnes susnommées
et tueraient du gibier pour dix fois la somme à laquelle ils
pourraient être condamnés.

(Récidive art. 14 et 15, loi du 3 mai 1844.)

Il ne serait certainement pas juste qu'un chasseur égaré
soit puni comme un voleur, mais ce que je crois juste et ce
que je réclame c'est qu'il soit condamné à payer très-*rigou-
reusement* le gibier qu'il a pu tuer et emporter, différemment le jour est peu éloigné où, certaines gens, connaissant la loi et toutes ses conséquences, iront à l'aide d'un
porte-carnier tuer faisans, lièvres et chevreuils des grands
éleveurs en leur disant qu'il y a des lois pour les punir,

et de les poursuivre pour les enfreindre et passer sur leurs terres, etc.

Revenons maintenant au point de départ concernant les animaux nuisibles !

M. Daloz, dans son ouvrage 1842, page 336, rapporte un fait de chasse qui a eu lieu à cette époque et un arrêt de la cour de cassation, qui a été interprété de différentes manières par plusieurs légistes distingués.

Pour que le lecteur puisse être juge des faits qui se sont passés et se former une opinion je vais les copier tels que Daloz les rapporte :

Comte de Semelé contre Kauffer :

« Le comte de Semelé est adjudicataire de la chasse de
« la forêt de Remilly, le préfet de la Moselle ordonna que,
« pour arrêter les dégâts que causaient les sangliers sé-
« journant dans cette forêt, une battue aurait lieu sous la
« direction du comte de Semelé ou, à son défaut, du garde
« général des forêts. Durant cette battue, faite sous les or-
« dres du garde général, le sieur Kauffer tua un sanglier
« d'un poids considérable. Le sieur de Semelé s'en préten-
« dit propriétaire en sa qualité de fermier de la chasse
« de la forêt et le fit enlever d'une auberge où il avait été
« déposé. Sur l'action en restitution de ce sanglier, formé
« par le sieur Kauffer, par le motif que l'animal avait été
« tué dans une battue autorisée, il ne pouvait appartenir
« au sieur de Semelé dont le droit de suite se trouvait mo-
« mentanément suspendu; jugement du juge de paix, du
« 3 janvier 1842, qui condamne ce dernier à payer au sieur
« Kauffer une somme de 90 fr., valeur du sanglier. Sur

« l'appel du jugement confirmatif du tribunal civil de Metz,
« du 21 avril suivant ainsi motivée :

« Attendu que le sanglier qui a donné lieu au procès, a
« été tué par Kauffer dans la forêt royale de Remilly, pen-
« dant une battue qui avait été ordonnée par M. le préfet du
« département de la Moselle, du 15 octobre précédent, en
« exécution de l'arrêté du directoire exécutif du 19 pluviose
« an 5 et que M. le comte de Semelé *était tenu de souffrir*
« *conformément à la clause.* 20° *de son procès-verbal d'ad-*
« *judication* du 25 janvier 1839 ; qu'ainsi c'est avec raison
« que le premier juge a décidé que la propriété de cette bête
« est acquise à celui qui l'a tuée en *exposant sa personne,*
« dans une chasse licite et dans un moment où le droit ab-
« solu de chasse du comte de Semelé, relativement aux ani-
« maux, objets de cette battue, était suspendu et où la loi
« du 30 avril 1790 suspendait aussi à cet égard l'action en
« dommages-intérêts qu'elle lui attribue dans tout autre
« circonstance contre ceux qui se livreraient à son détri-
« ment, dans une forêt, à des faits de chasses illicites. »

« Pourvoi du sieur Semelé, pour fausse application de
« l'arrêté du 19 pluviose, an 5, et par suite violation de
« l'art 1ᵉʳ de la loi du 30 avril 1790, en cela diffèrent de la
« loi romaine qui réputait le gibier, Res Nullius, et per-
« mettait à tous de chasser soit sur leur propre fonds, soit
« sur le fonds d'autrui, sauf le seul cas du propriétaire,
« (inst., liv, 2, tit. 1ᵉʳ § 12 *de rerum divisione*) le droit de
« chasse est aujourd'hui un attribut de la propriété et un
« attribut tellement réel qu'il peut faire l'objet d'une ces-
« sion. De là, poursuit le demandeur, cette conséquence
« que tout animal tué sur le fonds d'autrui appartient au

16

« propriétaire et non au chasseur, et c'est même par com-
« pensation de la perte de cet animal pour le propriétaire
« et de l'atteinte portée à sa propriété que la loi de 1790,
« art. 1ᵉʳ, condamne le chasseur en délit à une indemnité
« fixe de 10 livres, indépendamment des autres dommages-
« intérêts encourus. Il est d'ailleurs évident que les mêmes
« droits doivent être reconnus au fermier qui se trouve
« complétement, quant à l'exercice du droit de chasse et
« aux avantages qu'il procure, au lieu et place du proprié-
« taire. Ces règles reçoivent-elles exception, auquel cas l'a-
« nimal est tué dans une battue autorisée ? non sans doute.
« Ce qu'a permis l'arrêté du préfet portant cette autorisa-
« tion, c'est la destruction de quelques-uns des sangliers
« qui, à cause de leur nombre, faisaient des dégâts dans la
« forêt de Remilly. Mais là se bornait le pouvoir de l'au-
« torité administrative et il ne lui appartenait point de con-
« férer, par une semblable autorisation, la propriété des
« sangliers au tireur qui les abattait. C'eût été léser ouver-
« tement le droit que l'adjudicataire de la chasse tenait de
« son acte de concession et que lui assurait la loi précitée
« de 1790. Donc en décidant que la battue ordonnée par le
« préfet, en exécution de l'arrêté du 19 pluv. an 5, suspen-
« dait l'application de la loi de 1790, le jugement attaqué a
« violé manifestement cette loi et a fait de l'arrêté une
« fausse application. »

Arrêt du 22 juin 1843 :

« La cour ; — considérant que s'il est incontestable en
« droit, que le concessionnaire du droit de chasse dans une
« forêt est assimilé au propriétaire et a droit à la propriété

« de tout animal tué par un tiers dans la forêt, l'espèce
« présentait une exception à ces principes.

« Considérant *qu'une des clauses* de l'adjudication du
« droit de chasse dans la forêt de Remilly, au profit du de-
« mandeur, lui *imposait l'obligation de souffrir la destruc-*
« *tion des animaux nuisibles ;*

« Considérant que le jugement constate en fait, d'après
« les pièces produites, que sur des plaintes multipliées, dans
« l'intérêt public et celui de l'agriculture pour opérer la
« destruction des sangliers et animaux qui dévoraient les
« récoltes, un arrêté de M. le préfet de la Moselle a or-
« donné une battue générale dans la forêt de Remilly, bat-
« tue qui devait avoir lieu sous les ordres du demandeur,
« avec le concours de chasseurs invités à cette battue, et,
« en son absence, sous les ordres du garde général de la
« forêt ; — que cet arrêté a été exécuté ; qu'il présentait
« dans l'espèce une exception aux principes ; considérant
« que, d'après les faits et circonstances de la cour, le juge-
« ment, en ordonnant l'exécution et appliquant l'arrêté de
« M. le préfet n'a pas violé les lois invoquées ;

« rejette etc. »

Observation : Le motif le *plus sérieux* sur lequel la cour
suprême s'est appuyée pour rejeter le pourvoi du comte
de Semelé, c'est la *clause de l'adjudication* de la chasse
dans la forêt de Remilly, qui *imposait* au comte de Semelé
l'obligation de souffrir la destruction des animaux nuisibles.

Cette clause en effet dépossédait, *momentanément*, M. le
comte de Semelé de son droit exclusif de fermier de la chasse

de la forêt de Remilly, pendant le temps de la battue or
donnée par M. le préfet de la Moselle.

Point de difficultés sur ce point, pas d'objection à faire
non plus, puisque c'était une condition du cahier des
charges acceptée par lui et à l'exception de laquelle il n'a
fait du reste aucune opposition ; mais, ce que je trouve in-
juste, inique même, c'est que ce même cahier des charges,
restant muet sur la question de propriété du gibier tué, ainsi
que l'arrêté préfectoral, M. le comte de Semelé n'ait pas le
droit de revendiquer le gibier abattu *qu'il paie* annuellement
en bon et bel argent !

S'il devait toujours en être ainsi, les clauses insérées dans
le cahier des charges seraient un véritable acte de surprise ?

MM. duc d'Uzes, de Rostchild, de Greffule, paient trente,
quarante, cinquante mille francs la chasse de diverses forêts, parce qu'elles sont très-peuplées en grand gibier et ils
en sont adjudicataires pour 9 années consécutives. M. le
préfet accorde ensuite, sur des plaintes plus ou moins fondées, l'autorisation à plusieurs individus de faire des battues deux fois par semaine pour la destruction des animaux
nuisibles. Les tireurs de plusieurs lieux à la ronde, informés
de ces dispositions, arrivent en grand nombre, traquent,
tuent et emportent chaque fois les cerfs et les biches que
les fermiers des chasses paient de beaux et bons deniers ?

Est-ce juste ?

Non, mille et mille fois non ! Et comme les positions
fausses sont toujours sujettes à des ennuis et à des inconvénients graves parfois, les locataires des chasses des forêts de l'État, ont le devoir de demander à l'avenir, à mon-

sieur le Ministre et à l'administration forestière, de s'expliquer catégoriquement sur la question posée : A qui appartient en principe le gibier *tué* en battues légalement autorisées par l'autorité préfectorale?

De la réponse dépendra le prix plus ou moins élevé de la location des chasses?

En attendant la solution, mon opinion est que ce qui *appartient* ou a été *acquis* par César doit revenir à César!

Je termine en félicitant M. le comte de Semelé d'avoir défendu ses droits énergiquement et combattu honorablement pour le succès de sa juste et légitime revendication.

Sans vouloir critiquer le jugement du tribunal civil de Metz sus-rapporté, qui s'est appuyé pour rendre son jugement sur la clause du cahier des charges, imposée au Cte Semelé d'avoir à supporter les battues légalement autorisées? Et deuxièmement sur le danger qu'avait couru Kauffer en tuant le sanglier??....

Et si la forêt de Neuilly eût appartenu au comte de Semelé?

Et si c'eut été une biche au lieu d'un sanglier?

Qu'eût décidé le tribunal, sur la propriété du gibier tué? car le lecteur remarquera que ni le tribunal ni la cour n'ont appuyé leur décision sur aucun texte de loi, sur le fond de la question qui fait l'objet de la thèse que je soutiens.

Au moment où j'écris ces lignes, je prends connaissance, dans le journal l'*Acclimatation*, d'un article fort intéressant, concernant les battues autorisées par messieurs les Préfets, je le rapporte ici exactement, afin d'éclairer mes lecteurs et les adjudicataires des chasses :

« La question relative au droit de tirer les grands ani maux, que les adjudicataires de la chasse à courre, dans les forêts de l'État, contestaient aux adjudicataires de la chasse à tir, vient d'être tranchée par le tribunal de Compiègne.

Il a décidé, par jugement du 12 avril dernier, que, si un arrêté préfectoral, postérieur à la mise en adjudication du droit de chasse, a classé le cerf et la biche au nombre des animaux nuisibles et malfaisants, c'est dans le but de protéger l'agriculture ; que le droit de destruction n'appartient qu'aux propriétaires, possesseurs ou fermiers lésés ; d'où il suit que les adjudicataires de la chasse à tir n'étant pas cessionnaires du propriétaire des forêts (l'État), ne peuvent jouir d'un droit, auquel ce dernier a renoncé.

Par application de ce principe, le tribunal a condamné l'un des adjudicataires de la chasse qui avait tiré sur un cerf dans la forêt de Compiègne, à 16 fr. d'amende, 25 fr. de dommages-intérêts, envers l'adjudicataire de la chasse à courre, et aux dépens. »

Les préfets qui ont toujours été des serviteurs trop zélés du pouvoir du jour, prennent souvent des arrêtés que le conseil d'État est obligé d'annuler, mais non sans qu'il en coûte cher aux défendeurs.

MM. Schneider, Gravier et de La Rochefoucauld de Doudeauville, se sont pourvus, les deux premiers, contre les arrêtés du Préfet de Loir-et-cher, autorisant des battues pour la destruction des sangliers, cerfs, biches, lapins, sur différents territoires, où les demandeurs sont propriétaires.

Ils soutiennent que les animaux, dont la destruction était

ordonnée, n'étaient pas des animaux nuisibles, dans le sens de l'arrêté du 19 pluviôse an V, qu'ils rentraient dans la catégorie du gibier dont la loi prohibe la destruction au moyen de battues, et que, par conséquent, les arrêtés préfectoraux, ordonnant ces battues, continuaient un abus de pouvoir.

Voici le texte d'une des décisions rendues :

« Le Conseil d'État,

« Considérant que, pour demander l'annulation de l'arrêté, en date du 5 avril 1880, par lequel le préfet de Loir-et-Cher a autorisé des battues pour la destruction des sangliers, cerfs, biches et lapins, sur le territoire de la commune de Bêty, le sieur Granier se fonde sur ce que lesdits animaux ne sont pas des animaux nuisibles, dans le sens de l'arrêté du 19 pluviôse an V.

« Considérant que si le sanglier n'est pas un animal essentiellement nuisible, il peut le devenir par suite de circonstances particulières, notamment de sa trop grande multiplication dans un pays ; qu'ainsi il appartenait au préfet, en se conformant aux prescriptions des art. 3, 4, et 5 du 19 pluviôse an V, et de l'ordonnance du 20 août 1814, d'autoriser des battues pour la destruction des sangliers qui, d'ailleurs, ont été désignés comme animaux malfaisants ou nuisibles, par un arrêté du préfet d'Indre-et-Loire, en date du 1er mars 1863, puis en exécution du 3e § de l'art. 9 de la loi du 3 mai 1844 ;

« Mais considérant que les cerfs, biches et lapins, qui ont été également désignés par le même arrêté, ne rentrent pas dans la catégorie des animaux nuisibles, dans le sens de l'arrêté du 19 pluviôse an V ; que si l'arrêté préfectoral du 1ᵉʳ mars 1863, a eu pour effet d'autoriser le propriétaire, possesseur ou fermier, à détruire ces animaux en tout temps sur ses terres, il n'a pu conférer au préfet le droit d'ordonner que les cerfs, biches, lapins seraient détruits au moyen de battues prévues par l'arrêté du 19 pluviôse an V,

« Décide :

Art. 1ᵉʳ — « L'arrêté ci-dessus visé du préfet du département d'Indre-et-Loire, en date du 5 avril 1880, est annulé, en tant qu'il autorise des battues pour la destruction des cerfs, biches et lapins.

Art. 2. — « Le surplus du sieur Granier est rejeté. »

Espérons que la décision du Conseil d'État fera faire de sages réflexions aux amateurs de battues et que MM. les Préfets accorderont moins facilement à l'avenir l'autorisation de détruire un des plus beaux ornements des forêts de France.

De la Loi Chavoix.

Chacun se demande comment a pu germer, dans l'esprit et le cœur de M. Chavoix, la pensée d'une loi aussi funeste et que l'on pourrait appeler loi fatale au trésor et au peuple français !

Demander la suppression du port d'arme, pour la remplacer par un impôt de 1 fr. 50 sur un fusil simple, de 3 fr. sur un fusil double ! mais c'est exciter aux plaisirs frivoles la jeunesse inexpérimentée, la dégouter du travail,

provoquer et occasionner les plus déplorables accidents?

C'est détourner l'ouvrier de son travail et porter en
même temps le trouble dans son intérieur.

C'est organiser, les fêtes et les dimanches, des bandes dévastatrices, composées d'individus de tout acabit, qui dé-
soleront les campagnes, braveront les propriétaires et les
gardes, détruiront les récoltes, les clôtures, les fruits de
toute nature, tueront la volaille de toute espèce, etc.

C'est armer une classe de mécontents, d'envieux, de gens
avinés, alcoolisés et fougueux, capables de tirer sur M. Chavoix lui-même, s'il voulait entreprendre de leur résister?

C'est, en un mot, porter le trouble dans les campagnes
paisibles et laborieuses.

Mais espérons que les bonnes intentions de nos députés
et la sage prévoyance du Gouvernement, saura comprendre
les conséquences regrettables qu'entraînerait le vote d'une
loi contraire aux intérêts de l'État et à celui de tous ses ad-
ministrés sans exception, et que ce projet de loi sera rejeté
avec empressement.

Contre-projet de la loi Chavoix:

Avant de présenter un projet de réforme de la loi sur la
chasse, je crois utile de faire ressortir les lacunes
qui existent, les erreurs et inconvénients de la loi actuelle,
sans vouloir me permettre de blâmer, en quoi que ce soit,
Dieu m'en garde, ceux qui l'ont faite; mais le braconnage
et le colletage ont fait de tels progrès depuis qu'il a été
établi, qu'il est de toute nécessité de la réviser et la refaire,

sous peine de voir avant peu la disparition complète du gibier.

Je vais grouper les causes de sa destruction et indiquer les modifications à faire et à apporter pour y remédir.

Des causes de la destruction du grand et petit gibier.

La destruction du gibier tient, comme je l'ai dit au chapitre du colletage, à plusieurs causes fatales?`

La première, la plus terrible de toutes pour le grand gibier, c'est le collet! C'est en effet l'engin le plus destructeur qui existe! Et le fait est si vrai qu'un colleteur me disait d'un ton décidé : « tant qu'on n'aura pas mis *cinq cents francs* d'amende et cinq ans de prison contre les colleteurs, je colleterai les chevreuils et les cerfs, parce que c'est trop amusant!... »

La seconde, l'affût ; non seulement, cet abominable guet-apens détruit et estropie grand nombre d'animaux, mais il a encore pour effet d'inspirer la terreur aux animaux et de les faire émigrer!

Un lièvre, poursuivi et manqué par un lévrier, fuit la contrée et n'y revient plus jamais, de même le gibier tiré et manqué la nuit. Les peines et la rigueur des lois ne sauraient donc jamais être assez sévères contre les délinquants.

La troisième, aux battues et aux permissions accordées trop facilement par l'autorité administrative, surtout après la clôture de la chasse, pour la destruction des animaux nuisibles, à des gens sans conscience et toujours avides de curée?

Pour le petit gibier ; à la licence accordée par MM. les préfets de chasser *après* la clôture, les oiseaux de passage, tels que ramier, pluvier, vaneau, bécassine, alouette lulu et bécasse *en temps de neige*. — Chasse impraticable. — Cette autorisation favorise le braconnage et désarme les représentants de la loi! Elle est donc néfaste au gibier, car c'est absolument comme si la chasse n'était pas fermée?... Les braconniers seuls en profitent !

Cette situation est intolérable! aussi appelons-nous toute l'attention du Gouvernement et de nos législateurs sur ce point.

Contre-projet de la loi Chavoix et modification à la loi du 3 mai 1844.

Ajouter à la fin de l'art 11 n° 2 :

« Pourra également ne pas être considéré comme délit de chasse, le passage des maîtres de chiens et piqueux en chasse sur la propriété d'autrui, lorsqu'ils seront à la poursuite d'un animal nuisible, loup, sanglier et cerf qu'ils auraient *attaqué* et *lancé* chez eux, et qu'ils ne feront point *action de chasse*, ni de dommage, et qu'ils chercheront au contraire à rompre leurs chiens. »

Le propriétaire sera toujours maître chez lui et *aura*

toujours droit, malgré ces dispositions, de les attaquer en trouble possessoire.

L'important ici est que les droits des uns et des autres soient respectés et que les contraventions soient classées sans équivoque, ainsi que les délits, à leur rang respectif.

L'animal porté bas par les chiens sur le terrain du voisin, appartiendra de droit au maître des chiens. — Sauf toujours réparation du dommage causé, s'il y a lieu. —

Celui qui tuera illicitement du gibier sur la propriété d'autrui se rendra coupable du délit de chasse et pourra être contraint, suivant les circonstances, à réparer le préjudice causé.

Dans les battues autorisées le gibier appartiendra de droit au propriétaire chez lequel il a été lancé et tué.

La chasse du canard sauvage sera permise en temps de neige et pendant le mois de mars sur les fleuves et rivières seulement, et en ne s'écartant pas à plus de dix mètres des francs bords.

La chasse de la bécasse sera permise au bois seulement, pendant tout le mois de mars.

Toutes les autres chasses d'oiseaux de passage, tels que vaneau, pluvier, ramier, outarde, allouette lulu sont supprimées après la fermeture de la chasse ; néanmoins celui qui tuerait un de ces oiseaux en chassant soit le canard sauvage, soit la bécasse, dans les conditions précitées n'encourrait point les rigueurs de la loi.

Le colportage du gibier est défendu pendant le temps prohibé et pendant les temps de neige.

Impôt de cinq francs sur un fusil simple, de dix francs sur un fusil double.

Les colleteurs seront punis d'un mois à 2 ans de prison et d'une amende de 200 fr. à 1.000 fr.

Tout chien de chasse et autre, à l'époque de la gestation du gibier et temps prohibé qui sera trouvé à la poursuite de chevreuils et lièvres, et non suivi de son maître, sera considéré comme chien errant et animal nuisible. Procès-verbal de sa divagation sera dressé conformément à l'art. 475 du code pénal n° 7. Des dommages-intérêts pourront être demandés par le propriétaire du terrain sur lequel il aura été trouvé.

D'après un arrêt de la cour de cassation du 26 décembre, la divagation du lévrier est défendue pendant toute saison. Celle du chien courant et autres, dont les effets sont les mêmes aux époques de la gestation du gibier, devrait, pour les même motifs, être classée au même rang.

Les brigades de gendarmeries seront augmentées de deux gendarmes qui seront mis à la charge du département et auront pour mission spéciale de rechercher les colleteurs et les braconniers.

Ils pourront s'adjoindre, pour les aider et les éclairer sur les délits commis contre les lois et réglements, les gardes-champêtre des communes.

Ils pourront également pour faciliter leur service porter une tenue spéciale.

— Une loi conçue dans cet ordre d'idée aurait pour effet d'accroître considérablement les revenus du trésor par le grand nombre de permis de chasse que prendraient les gens de la campagne ; et de plus elle diminuerait beaucoup le nombre des colleteurs, véritable fléau !

Note sur la louveterie.

Le journal de la *chasse illustrée* a fait paraître dans sa feuille du 3 mai 1879 un article sur la louveterie des plus intéressants, signé : JULLEMIER, avocat à la cour de Paris.

Le résumé de cet article est que le lieutenant de louveterie n'a pas le droit de chasser les animaux nuisibles tels que le sanglier sur le terrain d'autrui, sans la permission du propriétaire et que, sous peine de commettre un délit, il doit être muni d'une autorisation spéciale du préfet. — Arrêté du 19 pluv. art. 5, n°s 2, 3 et 4. —

Toutefois les règlements de germinal an XIII et du 20 août 1814, dans leurs articles 8 et 9, dérogent à cette règle en ce qui concerne les loups à cause du caractère particulièrement dangereux de ces animaux. Mais M. Joseph Lavalé dans son ouvrage sur la chasse à courre en France, dit que les louvetiers ont perdu tous leurs droits et prérogatives par la location des forêts de l'État qui date de 1830, et cependant une clause spéciale est insérée au cahier des charges et imposée aux fermiers des forêts de l'État sur les droits de chasse : ainsi conçue « tous droits des louvetiers réservés. » Cette condition imposée aux adjudicataires des chasses donne lieu aux plus regrettables et fâcheuses interprétations, en ce sens que les louvetiers supposent, avec juste raison, que si cette réserve est faite c'est qu'ils ont le droit de chasser les animaux nuisibles, tels que loups et sangliers, attendu que les anciennes lois n'ont point été abrogées !

Un arrêt de la cour de cassation du 18 janvier 1879, tranche la question : Le louvetier autorisé par le préfet à chasser les animaux nuisibles, tels que sanglier, sur une commune, n'a pas le droit de suite sur une autre non autorisée.

M. Caillot, louvetier, se trouvant dans ce cas, a été condamné pour avoir suivi la chasse d'un sanglier, levé sur une commune où il était autorisé à chasser, dans une autre sur laquelle il ne l'était pas, et était propriété communale ; et comme la chasse était fermée il le fût pour *deux* délits. La cour de Cassation a rejeté son pourvoi par le motif que le délinquant devait rompre ses chiens à leur entrée sur la commune, sur laquelle la chasse n'était point permise !

Cet arrêt concluant rend illusoire la clause insérée au cahier des charges sur le *droit* des louvetiers? Pourquoi la mettre alors ?

Il existe également dans le cahier des charges imposé aux locataires des chasses, une autre clause concernant les dégâts causés par les animaux nuisibles, qui n'est pas suffisamment expliquée et qui donne lieu aux contestations et réclamations les plus désagréables et les plus ennuyeuses ; ainsi il est dit que : « Les adjudicataires des chasses seront responsables des dégâts causés par les animaux nuisibles. »

Cette phrase est incomplète, car certains riverains en

profitent pour faire des réclamations incessantes aux fermiers des forêts! Ces derniers répondent avec juste raison : Nous nous conformons aux lois et règlements, et nous chassons tous les animaux des forêts dont nous sommes les fermiers, et nous faisons tous nos efforts pour les détruire et pour les prendre. Nous ne nous opposons pas aux battues administratives, ce n'est point nous non plus qui avons mis ni attiré les animaux qui vous font des dommages, et nous sommes en un mot, complétement étrangers au fait dont vous vous plaignez !

Mais, répond le riverain, la clause imposée par le cahier des charges, concernant la responsabilité des dommages causés par les animaux nuisibles et acceptée par vous, vous oblige à réparer le préjudice causé !

Oui, s'il y avait un fait répréhensible contraire aux lois à nous attribuer ?

De là procès !

Je crois donc qu'il serait de toute justice d'ajouter et de dire que : les adjudicataires des chasses seront responsables des dommages causés aux riverains par les animaux nuisibles, qui proviendraient de leur fait.

ÉPAVES

———

UNE CHASSE AUX SANGLIERS EN TEMPS DE NEIGE

En 1877 j'habitais la Nièvre. Je fus informé, un jour
de décembre par un bon et brave fermier de ma localité,
qu'une compagnie de sangliers ravageait ses récoltes ;
que plusieurs chasseurs avaient bien essayé de les chasser,
mais qu'ils n'avaient pas réussi, par la raison que ces animaux étaient redoutables et qu'ils bourraient et ren-
voyaient les chiens ; et qu'aucun tireur n'osait aller les
affronter dans les fourrés impénétrables du chalet, dans
lesquels ils étaient cantonnés.

Bien que, depuis quelques années, j'eusse renoncé à la
chasse des bêtes noires et mis le fusil à peu près au repos,
je fus tenté d'aller en forêt, pour me rendre compte de
l'âge de ces animaux, et examiner leurs demeures.

La reconnaissance du pied et des lieux faite, jour fut

17

pris avec plusieurs chasseurs des environs, pour essayer de les chasser.

Je possédais, à cette époque, des chiens de sangliers d'une ardeur et d'une vitesse excessives. Un de ces chiens était très-courageux, je puis même dire qu'il était hardi comme un lion, se précipitant, dans le feu de l'action, au milieu de compagnie debêtes noires qui ne voulaient pas partir, et les mettant toujours en déroute. Il avait de plus le mérite de ne jamais se faire blesser.

En me rendant au rendez-vous, je suivais la grande ligne des bois d'Azy, regardant attentivement si je ne verrais pas des traces de bêtes noires, lorsque j'aperçus les pieds de la compagnie de grands vieux sangliers dont on m'avait parlé. Elle sortait d'une futaie de hêtres dans laquelle elle avait fait ses mangeures sans doute, et rentrait dans les fourrés du chalet.

Je hatai le pas, pour aller à la rencontre des chasseurs et tireurs, qui devaient se trouver à la ligne de Cizely, et leur faire part de ma découverte.

Il y avait tellement de sangliers cette année-là, que tous les chasseurs en se rendant au rendez-vous, avaient rencontré de nombreuses traces de bêtes noires, de tous les âges.

J'engageai les tireurs à aller se placer sur le passage ordinaire des sangliers ; la chose convenue, je me rendis avec un garde, que je croyais courageux et suivi d'une dizaine de chiens sur les lieux où j'avais brisé.

— C'était au mois de décembre, époque du rut. Il y avait trois vieilles laies accompagnées de deux grands sangliers. —

Un chien, le meilleur rapprocheur, Fortuno est laché, il empaume la voie, donne très-chaudement en perçant un fourré ; nous découplons les autres chiens, qui rallient rapidement au chien d'attaque, peu après, nous entendons de bruyants abois... mais qui cessèrent subitement... ce qui me fit comprendre que les sangliers avaient chargé les chiens, et leur avaient fait prendre la fuite ! Je criai aussitôt au garde d'avancer pour soutenir ses chiens !... mais, peureux comme un parthe, il se met à sonner de la trompe et reste en place... Aussi surpris que désappointé des étranges manières de chasser de ce serviteur, j'entre au bois pour essayer de faire reprendre la voie aux chiens ; mais le *sonneur sonnait, sonnait toujours...* et les attiraient à lui... que faire au fourré ; seul, sans chiens ? force fut donc de revenir à la grande ligne, et de me résigner en silence, à la situation telle qu'elle se présentait, mais ce ne fut pas sans maugréer !

Après quelques instants de quête dans une autre enceinte, les chiens lancent et chassent avec un entrain admirable, l'animal traverse une route de chasse, je cours bien vite examiner le pied ; je reconnais que c'était celui d'une bête de compagnie !... Je fus désillusionné et très-contrarié de suivre une chasse à pied qui ne me convenait pas ! Je dois dire, cependant, que l'animal se faisait rebattre continuellement dans les fourrés du chalet, les chiens bien gorgés faisaient une agréable musique qui avait certainement ses charmes, et beaucoup d'attraits ! si je n'avais pas été poursuivi par l'idée fixe de fusiller au moins un des vieux sangliers qui avaient renvoyé les chiens, j'aurais pris plaisir à l'entendre.

La chasse fut très-animée pendant plusieurs heures, l'animal fut tiré plusieurs fois; et finit par être pris par les chiens. Trop tard pour attaquer de nouveau, nous prîmes le parti de gagner nos foyers, mais il fut décidé en nous séparant, que nous essaierions de nouveau de chasser la compagnie de grands sangliers, me faisant fort de les débauger.

Au jour fixé, chasseurs et tireurs étaient au rendez-vous, tous avaient rencontré, en venant, des traces de sangliers, mais aucun n'avait connaissance de la compagnie de solitaires. Nous allons frapper à la brisée d'un garde très-expérimenté, qui nous avait affirmé avoir le pied *saignant* d'un quartenier qui rentrait au quartier Damas; nous découplons un chien sur la voie en l'excitant! au premier coup de gueule, nous entendons un grand bruit! c'était l'animal qui s'était remis à trente mètres à peine de la route, et qui se sauvait.

Les quelques chiens que nous possédions sont lâchés, et aussitôt une chasse des plus animées se fait entendre, peu après, un coup de fusil et les abois!... très-bien, c'était un des chasseurs, M. Lariche qui l'avait tué!

Nous découplons, ensuite, sur une compagnie de sangliers très-nombreuse, plusieurs chasses se font entendre, des coups de fusils sont tirés de tous côtés, ce qui rappelle les chasses de l'ancien temps. La journée se termine joyeusement après que deux ragots eurent été tués encore.

En nous séparant, il fut décidé que nous nous réunirions de nouveau, pour recommencer la guerre aux bêtes noires qui fourmillaient dans ces mêmes bois.

Nous essayâmes à plusieurs reprises, de retrouver la

compagnie de vieux sangliers, mais nous ne pûmes réussir.
En revanche, nous tuâmes un ou deux sangli   chaque
fois.

C'était au mois de janvier, le mauvais temps m'avait
empêché de continuer mes chasses de sangliers, j'avais
toujours présent à l'esprit le souvenir de leurs traces
énormes, et je vivais avec l'espoir de les retrouver un jour
ou l'autre, et de les attaquer seul, avec mon chien Bravo,
mais pour cela, il fallait attendre qu'une occasion propice
se présentât, lorsque certain jour, je vis, en me levant, la
terre couverte de neige...

Je me mis aussitôt en route pour le chef-lieu, pour demander l'autorisation de chasser les animaux nuisibles en
temps de neige, autorisation qui me fut accordée sans
difficultés.

Le lendemain je partais au point du jour, avec Bravo,
pour les bois d'Azy, je rencontre en chemin deux ouvriers
de bois, l'un portant sa cognée et... son fusil, l'autre, sa
cognée seulement. Le premier nommé Chariot, était un
homme grand, fort, vigoureux et bon tireur, disait-on. Je
lui proposai de m'accompagner pour m'aider à chasser les
sangliers, proposition qui fut acceptée avec un certain
contentement ; son camarade, nommé Léonard, du village
de Mousseau, près Azy, voulut aussi comme lui être
de la partie. Nous marchions donc gaiement et suivions
la grande ligne de la forêt en regardant attentivement les
traces des animaux qui la traversaient. Nous rencontrâ-
mes les pieds de plusieurs sangliers, de l'âge de 3 et 4 ans,
mais ce n'étaient pas eux que je voulais... nous conti-
nuâmes donc de faire le bois très-rapidement ! quelle fut

ma surprise, en approchant de la futaie de hêtre, de voir et
reconnaître les traces des grands vieux sangliers, que je
cherchais depuis si longtemps.

— Enfin, les voilà !... m'écriai-je avec animation.

Chariot, qui avait une très-grande habitude de voir et de
reconnaître le pied des animaux, poussa, de son côté, une
vive exclamation en examinant les empreintes des solitaires : mais voilà cinq pères sangliers ensemble, c'est
étonnant, jamais je n'ai vu d'aussi larges pieds réunis !

Mon brave, lui dis-je, nous sommes à l'époque du rut
des bêtes noires ! voici plus d'un mois qu'elles sont can-
tonnées dans les bois d'Azy et du Chalet ! Ces sangliers
trouvent du gland et de la faine, autant qu'ils peuvent
en désirer, dans les bois où ils vont faire leurs mangeures la nuit, et le matin ils vont se remettre dans
les fourrés du Chalet, de Cisely, de Damas et autres.
Depuis longtemps, j'ai l'intention de les attaquer avec mon
chien Bravo seul, et comme ils ont l'habitude de renvoyer
les chiens, et qu'ils sont *maîtres absolus*, il va y avoir
bataille avec Bravo et son maître !... si vous voulez en être
témoin !... arrivez... mais avant, amorcez bien votre
fusil... ça pourra vous servir !

Ces précautions prises, Chariot et moi entrons au bois,
accompagné du brave bûcheron, qui tenait, disait-il, à voir
de près ces grands sangliers !... Nous voici donc, suivant
la piste des bêtes noires, dans un taillis de 6 à 7 ans extrêmement fourré, les branches et les feuilles étaient entièrement couvertes de neige ; en passant sous bois, elle nous
tombait dans le cou... ce qui n'était pas précisément agréable ! mais à la guerre on brave tout !.., Il y avait, cepen-

dant, une chose qui me préoccupait beaucoup, c'est qu'en avançant, tenant mon fusil sous le bras, pour préserver les batteries et les cartouches de l'humidité, le canon se trouvant en avant se remplissait de neige... *Comme j'avais vu plusieurs fois en semblables circonstances des fusils éclater*, j'étais très-inquiet !... Je pensais que si le fait se produisait au moment où le sanglier poursuivant le chien, arriverait sur moi, ce ne serait pas drôle... Je m'arrêtai donc un instant, pour couper une petite branche d'arbre pour nettoyer les canons de mon arme, je cherchai Chariot des yeux, mais point de Chariot !... ah ! le capon, dis-je au brave bûcheron... Je le croyais courageux et de plus, content de trouver l'occasion de faire feu sur un père sanglier, mais puisqu'il en a peur, n'en parlons plus ; et suivons toujours la piste de nos solitaires ; après des efforts inouïs, nous arrivons près de grands genêts très-épais dans lesquels il était impossible de pénétrer !... Je me doutais bien, en les voyant, que c'était là qu'ils devaient être baugés ! mais comment s'y prendre pour les apercevoir ?... et les tirer !... La chose n'était pas facile ?...

Désirant me rendre compte exactement de l'endroit où ils se trouvaient, je fis une enceinte, mais plus grande que je ne voulais, car le fourré de genêts et de ronces s'étentendait assez loin dans la vallée. Je ne trouvai pas de sortie ; dans le trajet que j'avais parcouru, j'avais reconnu une coulée pratiquée par le grand gibier sans doute, je fus la retrouver et la suivis cinquante ou soixante mètres environ, elle me conduisit à une ancienne place à fourneau, en partie couverte de ronces ; en examinant attentivement les lieux, mon chien se mit à éventer, j'avance aussitôt de quelques mètres à travers le bois, je reconnais la trace des cinq grands sangliers, Bravo tirait très-fortement sur le trait !... je le lâche résolûment en mettant mon fusil à l'épaule ; le brave chien part hardiment, et tombe aux abois, à trente mètres à peu près de moi !...

Le lecteur peut penser si l'émotion était vive !... d'autant plus que j'entendais par moment les grognements sourds des redoutables bêtes noires ! La voix du chien se répétait avec des intonations aiguës et martelées, et annonçaient le commencement de la bataille !... tout à coup je le vois revenir à moi !... le poil hérissé !... je le caresse en lui passant la main sur les reins et en l'excitant tout bas, (car je ne voulais pas faire de bruit, dans la crainte que l'ennemi ne se doutât de la présence du chasseur !) Bravo repart et se remet aux abois ! j'avance, pour le soutenir, mais très-lentement dans ce fourré infernal... le fusil toujours à l'épaule ! Bravo allait et venait aboyant toujours... Cette manœuvre se prolongeait ! le cœur battait fort !... et les yeux étaient grands ouverts !... Bravo, avant d'avancer, tournait la tête de mon côté pour prendre courage, et semblait dire !... Ils sont là !... Je les sens !... Je vois leur poil hérissé ! ils vont me charger !... Garde à vos !...

Tout à coup, en effet, je vois arriver dans mes jambes, chiens et sangliers ! et au moment où l'animal se présente pour me renverser, il reçoit un coup de fusil dans le ventre, qui le fait changer de direction !

Bravo le chasse bravement et tombe aux abois à cent mètres de là !... oh ! oh ! Bravo ! à toi mon vieux Bravo !... etc.

Je cours, suivi du courageux bûcheron, aux abois de

mon chien ! o! ! mon Bravo ! oh ! oh ! tiens bon !... arrivé
près de lui, que vois-je ?... un énorme sanglier qui bondissait et retombait, se relevait pour retomber, et Bravo
qui le mordait, et mangeait un boyau qui lui sortait à travers les côtes !...

Apparemment la balle avait rencontré une branche
d'arbre qui l'avait froissée et produit une aspérité en forme
de crochet, et en traversant le corps du sanglier, avait arraché et entraîné un intestin. Comme je ne voyais pas de
défense, je dis à Léonard ! c'est une laie, il n'y a pas de
danger à s'en approcher... Je m'avance donc avec confiance pour voir Bravo tout à mon aise jouir de sa victoire !... Tout à coup le sanglier fait un bond pour venir
sur moi !... Je m'aperçus alors qu'il avait une longue défense !... et comme le bois était très-fourré, il aurait pu
m'atteindre, si une balle mise dans la tête ne l'eût arrêté
court !...

Nous l'examinons alors avec une satisfaction indicible et
nous remarquons qu'il avait une défense cassée, au milieu à
peu près.

Le succès cynégétique bien constaté, et les réflexions les
plus gaies faites, il fallait songer à sortir le défunt de la
forêt, ce qui n'était pas facile?... heureusement, Chariot
avait tout entendu et arriva à nous, en disant qu'il avait
suivi le pied d'un sanglier, et qu'il m'avait perdu sans s'en
douter !...

Il y a longtemps que je la connais, celle-là !... *mon
brave*... mais je ne vous en veux pas le moins du monde,
croyez-le bien !... hâtons-nous, seulement, de mettre le sanglier en sûreté afin d'avoir le temps de revenir attaquer les

autres bêtes noires, et de nous assurer si elles ont la peau plus dure que leur congénère défunt.

Mais transporter un animal aussi lourd (260 livres) n'était pas chose facile ; tous nos efforts réunis eurent beaucoup de peine à le sortir du bois. Je priai ensuite les deux bûcherons d'aller au village voisin, raconter notre succès en l'arrosant convenablement, et d'amener ensuite la bête à la maison.

Je revins aussitôt avec mon chien, retrouver la compagnie de sangliers, mais le bruit des coups de fusil l'avait fait partir, Bravo prit le pied et chassa très-bien, pendant toute la soirée ; il tint les abois fort longtemps, mais trop éloigné pour aller le soutenir, et la nuit arrivant, force me fut de l'abandonner et de rentrer au logis.

Le brave animal ne vint que très-tard dans la nuit.

Le sanglier tué était très-vieux, ses grés étaient émoussés et grénelés. Il portait de longues et profondes entailles aux cuisses et aux épaules.

Quelque temps après, je tuais un grand sanglier qui portait entre cuir et chair, à l'épaule, un morceau de défense cassé ; était-ce le morceau de la défense du précédent? on serait tenté de le croire ! et cependant, le bout de défense trouvé sur ce dernier ne s'adaptait pas à celle de celui tué aux abois de Bravo.

GIVREDY

———

Givredy était un chien courant de race Hétéroclite (bizarre), de taille moyenne, doué de qualités instinctives exceptionnelles.

Il appartenait à un cultivateur du village de Saint-Bonnet-le Désert, près la forêt de Tronçais.

Givredy accompagnait les bergers et les chiens du domaine auxquels étaient confiés la garde des troupeaux. Il avait eu occasion de rencontrer, souvent, des voies de sangliers, sur la bordure des bois, et les avait suivis, attaqués et chassés seul d'abord, et plus tard, avec les chiens de bergers qu'il entraînait avec lui; par suite, tous chassaient les bêtes noires comme des enragés.

Les braconniers des environs ayant eu connaissance du fait, attiraient le vaillant chien et l'emmenaient au bois, les dimanches, chasser les sangliers. Ils réussissaient parfois à en tuer de très-beaux. Givredy acquit bientôt une renommée de chien, incomparable, pour attaquer et chasser les bêtes noires.

M. de Beaucaire, mécontent et jaloux aussi peut-être de ces prises de sangliers, fit l'acquisition de Givredy, pour la modique somme de soixante francs, avec l'intention bien arrêtée de le faire détruire, ne le trouvant pas digne de figurer parmi ses magnifiques bâtards de Vendée. Comment mettre, en effet, un affreux barbouillaud, à côté de magnifiques spécimens tels que Rusto, le plus bel animal que la Vendée ait jamais produit, qui mesurait 27 pouces à l'épaule, et qui, lorsqu'il se dressait et mettait ses deux pattes de devant sur la poitrine de son maître, pour lui demander une caresse, portait sa tête à la hauteur de la cape du colossal veneur.

Commandeur était également un bâtard de Vendée de la plus grande beauté, il mesurait 25 pouces à l'épaule.

Gouverneur, frère du précédent, était aussi admirable par ses formes et sa distinction. Il serait trop long d'énumérer tous les beaux types de ce magnifique équipage, aussi le pauvre Givredy faisait-il piètre figure à côté, lui qui ne mesurait que vingt pouces à peine à l'épaule ; mais si les apparences étaient contre lui, il rachetait ses imperfections par des qualités exceptionnelles, et celui qui avait l'habitude d'étudier les formes canines, remarquait que Givredy avait la tête bien faite, l'oreille bien placée, tombant bien, la poitrine bien descendue, le rein large et court, le jarret droit, la patte ronde, et qu'il avait surtout l'œil vif et intelligent.

Redoutant qu'il soit sacrifié, pour ses trop grandes qualités, peut-être, les chasseurs le regardaient avec intérêt et faisaient, bien haut et à dessein, leurs réflexions sur sa rude charpente, sur la vivacité de ses yeux qu'ils comparaient à ceux du lynx. La grosseur et la longueur de la queue seules, le déparait.

Bien que le marquis eût décidé de le faire tuer pour en débarrasser le pays, disait-il, il se détermina néanmoins, avant d'en donner l'ordre, à l'essayer afin de voir si, réellement, ses qualités répondaient à la réputation qu'on lui avait faite, et si elle était bien méritée? Une belle occasion se présentait pour cela : M. L. C... était arrivé à son pavillon des Chamignaux avec cinquante bâtards de Vendée des mieux choisis, et une vingtaine de fox-hounds des plus vites.

Les deux grands maîtres veneurs s'étaient entendus pour courre un quartenier cantonné dans les bois de la fond Begault, ordre fut donné à Babillot de le rechercher et de le rembucher. Deux jours après, l'habile piqueur en donnait le pied au carrefour de la Bouteille, presque à l'extrémité de la forêt Sud-Ouest.

Les dispositions ordinaires furent prises pour l'attaque, et les deux équipages placés sur le passage présumé de l'animal.

Dans ses recommandations à ses hommes de chasse, M. de Beaucaire leur désigna les chiens les plus vites à découpler les premiers, au son des bien-allers — pour donner l'avantage, sans doute, sur ceux du camarade en Saint-Hubert, — et il ajouta, en montrant le pauvre condamné, attaché à un arbre éloigné des autres chiens. *Cet horreur le dernier*, puisqu'il a, dit-on, de si bonnes jambes...

L'expression était exagérée, car Givredy représentait un type particulier qui plaisait à bien des chasseurs, mais l'ardent veneur voulait dire par là qu'il n'aimait que les très-beaux chiens.

Les chiens d'attaque furent découplés à la brisée de Babillot, le quartenier en était à peine à quatre-vingts mètres, il tint ferme pendant quelques instants, les hommes du relais en profitèrent pour lâcher les chiens qui rallièrent rapidement et à beau bruit, à la voix de leurs congénères.

Le sanglier prit aussitôt les grands perchés de la fond-Begault, il franchit une route de chasse, en deux bonds, à la vue de tous les chasseurs qui aperçurent, en même temps, un chien qui lui soufflait le poil, mais la distance empêcha de le reconnaître. Un groupe de batards, ou de fox-hounds suivait de très-près, puis venait le gros des deux équipages.

Les chevaux, lancés à fond de train, ne pouvaient suivre la tête de la chasse, tellement elle allait vite, elle arriva comme un ouragan, dans les vieilles futaies de Mora ; là, elle se ralentit forcément, car le sanglier et les chiens s'enfonçaient dans le terrain détrempé par les pluies qui, du reste, ne voyait jamais le soleil sous la double voûte des grands chênes et des sous-bois de houx.

Le laissé-courre allait, malgré les difficultés du terrain, très-vite quand même, car les cris perçants des chiens que la brise emportait, en était la preuve évidente, parfois le bruit des échos les reproduisaient, et en remplissaient l'es-

pace, c'était un ronflement qui se répercutait à l'infini, et
que les chasseurs poursuivaient joyeusement.

Plusieurs lignes empierrées longeaient et traversaient,
heureusement, ces immensités de bois, car les cavaliers
n'en seraient certainement jamais sortis s'ils s'y fussent
engagés.

La vue de ces sites sauvages produisait une vive impression sur l'imagination du chasseur et lui donnait à penser
qu'il pouvait s'y égarer et être surpris par la nuit peut-
être... Aussi en eût-il éprouvé le frisson, si le son joyeux
des trompes ne fût venu dissiper ces émotions, pour faire
naître, au cœur de tous, l'espoir de la réussite, et d'un
émouvant halalli.

Les chasseurs, désireux de voir la chasse traverser la
route d'Ainay-le-Château à Cérilly, s'étaient rendus au
rond-point de Mora, et attendaient d'un œil attentif le
passage du quartenier.

Tout à coup le cri des chiens se fait entendre plus
bruyamment encore, dans le nombre, on distingue une voix
perçante, martelée, qui semble se rapprocher et indiquer
qu'elle pousse la bête à vue... La chasse se rapproche en
effet, et se dirige près du Rond-Point, où sont placés les
veneurs, qui se sentent gagnés par l'émotion !... nous
voyons aussitôt un grand sanglier, couvert de boue, franchir la grande route, et Givredy marchant côte à côte avec
lui, criant comme un possédé et attirant à lui tous les retardataires. La vitesse du laissé-courre reprend de plus belle, les
bien-allers retentissent dans les forêts du trésor, là, le terrain est ferme et un peu en pente, la chasse gagne les hautes
bruyères de Saint-Bonnet-le-Désert, et arrive dans les four-

rés d'épines des prés logers. Le sanglier s'y fait battre et rebattre, pour dégoûter les chiens de le poursuivre, mais la voie est brûlante et les fox-hounds ont senti l'odeur de la viande fraîche, ils le prennent à vue à chaque instant, et lui tirent de temps en temps la doublure de sa culotte !...

La voix de Givredy domine toutes les autres. A l'entendre on serait tenté de croire parfois que l'ennemi lui broie les os ! Harcelé de tous côtés, le sanglier reprend sa course effrenée, traverse les perchés de la grand-vente et courre demander à l'onde de détourner le danger qui le menace...

Grand nombre de chasseur, voyant la direction qu'il prenait, gagnèrent les devants de la chasse et arrivèrent à la Gueraude, passage ordinaire des bêtes noires, pour jouir de la vue du bat-l'eau... Le sanglier arrive en effet et se précipite dans l'immense réservoir !... Givredy en même temps !..... les autres à la suite !..... Le plus beau des spectacles se présente alors ! cent-trente chiens à la nage tous muets... Trois tiennent de près le terrible animal, les autres à cent mètres derrière à peu près ! car tous sentent la curée, malgré les obstacles... les bien-allers, le bat-l'eau, résonnent sur tous les tons, et ne cessent un instant, que pour recommencer plus bruyamment encore, s'il est possible...

Le sanglier sort de l'étang et s'engage dans les futaies du grand gué, suivi de tous les chasseurs, qui rendent leurs hommages, en passant le pont de Pireau, à Mme de Beaucaire venue pour s'approvisionner de poissons ; le laissé-courre passe au rond de la Pierre, et gagne les perchés de Valigny ! Tous les chasseurs à peu près se trouvent réunis au Rond-Point de Bougimont ; M. de Beaucaire arrive suivie d'un énorme levrier d'Écosse donné, quelques jours avant, à Mme de Beaucaire par M. E Fould ; ce magnifique animal était d'un pelage gris cendré à gros poils, haut sur jambes, la tête allongée et une mâchoire de Caïman.

Quelques instants après, nous entendons les abois et l'hallali courant… nous nous précipitons tous en avant, le grand-maître veneur le premier, et nous arrivons sur le théâtre du combat !

Ici, il faudrait une plume plus habile que la mienne pour faire la description de la bataille !

Je vais néanmoins l'entreprendre… Parmi les cent trente-huit chiens réunis, qui entouraient l'animal poussant des clameurs féroces, on remarquait Givredy qui bondissait à droite, et à gauche, comme un chacal, attaquant l'ennemi de tous côtés ; mais principalement à la partie la moins noble de la bête acculée au pied d'un vieux chêne, plusieurs fois séculaire. Le hardi petit chien alors lui sautait au nez en se sauvant pour recommencer ses manœuvres.

Le sanglier hérissé ressemblait à un grand ours, immobile et écumant de rage ; il se tenait sur la défensive. Il se précipitait, par intervalles, sur le chien le plus à sa portée, le blessait grièvement, s'il ne le tuait pas ! Le sol se jonchait à chaque instant de ses victimes !… Ali-bey, qui s'était égaré apparemment, apparaît, voit le gibier, et se précipite dessus, à chaque coup de mâchoire, le poil vole, le tableau est aussi curieux que saisissant! Dans son acharnement, le courageux levrier saisit une des écoutes du redoutable quartenier qu'il semble vouloir arracher! L'animal paraît paralysé, pour mieux mesurer son coup sans doute! Il bondit brusquement en se dressant et donne un coup de rasoir si violent entre les côtes d'Ali-bey qu'il l'étend raide mort sous lui... Un cri sauvage s'échappe de la poitrine du colossal veneur! En même temps, le cri des chiens redouble de fureur!... Givredy, plus acharné lui-même, étonne tous les chasseurs par sa hardiesse et ses ruses pour l'attaque! sautant sur ses reins, le mordant à la queue, et sous la queue!

Le marquis, furieux de voir le chien de sa femme étendu mort sur le champ de bataille, s'approche du redoutable quartenier et d'un coup de carabine lui brise la mâchoire inférieure qui portait ses dangereuses armes, et crie de toute la force de ses poumons à la meute en fureur, Hallali! Hallali! mes beaux! tous se précipitent sur le sanglier et le dévorent tout vif!...

Deux ans après, M. de Beaucaire vendait son équipage à M. le comte Aguado et se réservait Givredy et Timpano célèbres comme chiens d'attaque et de change.

Un peu plus tard, M. de Beaucaire remontait équipage avec un jeune homme plein de feu et d'ardeur cynégétique, M. Charles de la Barre. Pendant plusieurs années Givredy a fait le succès des chasses à courre de la splendide forêt, à la grande satisfaction des veneurs et des chasseurs. Il est mort glorieusement sur le champ de bataille à l'hallali d'un solitaire, frappé en pleine poitrine, par le ricochet d'une balle.

Je me souviens d'avoir écrit sur un hêtre 3 ou 4 fois
séculaire au pied duquel il gisait : son épitaphe :

Passez sangliers grands et petits
Ci-git : GIVREDY ! . . . .

. . . .

P. BARREYRE.

(Mauvais poète.)

FIN

TABLE DES MATIÈRES

FIN DE LA TABLE

Saint-Amand (Cher). — Imp. et stéréot. de DESTENAY.

www.ingramcontent.com/pod-product-compliance
Lightning Source LLC
Chambersburg PA
CBHW070247200326
41518CB00010B/1723